我们为何无聊

Out of My Skull

The Psychology of Boredom

[加拿大] 詹姆斯·丹克特、约翰·D. 伊斯特伍德 著
袁铭钰 译

James Danckert
John D. Eastwood

译林出版社

图书在版编目（CIP）数据

我们为何无聊 /（加）詹姆斯·丹克特（James Danckert），（加）约翰·D. 伊斯特伍德（John D. Eastwood）著；袁铭钰译. —南京：译林出版社，2022.2

书名原文：Out of My Skull: The Psychology of Boredom

ISBN 978-7-5447-8958-5

Ⅰ.①我…　Ⅱ.①詹…②约…③袁…　Ⅲ.①心理学－通俗读物　Ⅳ.①B84-49

中国版本图书馆 CIP 数据核字（2021）第 239449 号

著作权合同登记号　图字：10-2020-234 号

我们为何无聊 ［加拿大］詹姆斯·丹克特　约翰·D. 伊斯特伍德 / 著　袁铭钰 / 译

策　　划　黄　洁
责任编辑　黄文娟
装帧设计　周伟伟
校　　对　孙玉兰　王笑红
责任印制　单　莉

原文出版　Harvard University Press, 2020
出版发行　译林出版社
地　　址　南京市湖南路 1 号 A 楼
邮　　箱　yilin@yilin.com
网　　址　www.yilin.com
市场热线　025-86633278
排　　版　南京展望文化发展有限公司
印　　刷　江苏凤凰新华印务集团有限公司
开　　本　850 毫米 × 1168 毫米　1/32
印　　张　9.5
插　　页　2
版　　次　2022 年 2 月第 1 版
印　　次　2022 年 2 月第 1 次印刷
书　　号　ISBN 978-7-5447-8958-5
定　　价　58.00 元

献给我的哥哥保罗。

常常无聊，从不厌倦。

詹姆斯·丹克特

给本和布朗温：

愿你们的日子充满

有意义的投入感。

约翰·D.伊斯特伍德

目 录

序 言

· · ·

换驾驶证那天，你早早就到了车管所，以为这样就不会赶 1
上人满为患了。没那么走运。大家好像跟你想到一块去了，室内已经挤满了人。刚走到柜台前，你就被告知：“请取号并耐心等待。”

你恹恹地挪到最近的那把椅子，坐在那儿烦躁地扭来扭去，晃个不停。你抬着眼东张西望，想找点乐子。你已经看过这里的每一张海报，仔细阅读了从马路新手到起重机驾驶员需要知道的每一条规章制度，你瘫坐着，用手支着头。叫号很慢。倦意一阵阵涌上来，偶尔还有些怒意。你无精打采，却又焦躁无比，于是你又看起了海报，第二遍。随着时间缓慢流逝，想要行动起来的急切感越发强烈。

突然，你想起了手机。你兴奋地摸索着口袋，希望可以由此获得解脱。你戴上耳机，解锁手机，身体瞬间舒缓，思路顿时清晰，整个人平静了下来。危机已经解除？也许吧。你摆脱了一种相当不愉悦的感受，这是件好事……但是，无聊会不会是在向你传达什么信息?

· · ·

2 当我们看不到前进的方向，当我们想要做点什么，但又不想去做手头正需要我们做的事情时，无聊就会找上门来。我们可以说这是一种怠惰或者萎靡不振的感觉。抑或与此相反，是一种“坐立难安”的感觉，焦躁地想做一件事，却不知道该做什么。虽然无聊有各种各样的表现方式，但我们都曾体会过它。我们认为，我们应该注意到它，并去理解它。在我们看来，无聊状态很让人着迷，也许（仅仅是也许），它还有它的好处。

数年来，无数哲学家、历史学家和神学家都探讨过无聊这一课题。然而，尽管无聊无处不在，但迄今为止，它在科学领域得到的关注相对较少。本书试图改变这一趋势。心理学是一门研究心理与行为的学科，可以为研究无聊这一人类经验提供思路。作为心理学家，我们的专业领域涵盖神经科学和临床心理学，在过去十五年里，我们一直在发表有关无聊的研究成果。我们对无聊做出了一套阐释，这套阐释强调两个关键概念，即投入（engagement）和能动性（agency）。我们的研究路径将多种方法结合起来，以研究无聊。这种路径所具备的优势是，它能够解释众多不同的科研发现。

但是，我们虽然确信无聊对你而言意味着某种信息，却并不会贸然告诉你应该如何生活。无聊本身也并不能告诉你该怎么做。在某种意义上，你只能靠你自己。这正是无聊带来的关键信息之一，进一步说，这也是本书的一个核心主题。作为人
类，我们需要与世界建立自主的、有效的联结。我们需要投入， 3
需要从精神上投入，表达自己的渴望，将我们的技能和天赋付诸实践。简而言之，我们需要能动性。若这个需求被满足，我们会感到满足和幸福。若这个需求受阻，我们就会感到无聊，感到漫无目的。

在这一点上，无聊揭示了人之为人的一个重要方面：我们有一种强烈的需要，想要跟周遭世界建立密切的联结。正如我们将看到的，许多东西可以替代真正的投入，它们可能很诱人，甚至可能在短期内击退无聊。但是，这种短暂的安慰从不长久，无聊会卷土重来。之后，要不要拥抱能动性，就看我们自己了。

无聊是个难以把握的课题，它的触角伸展到人类研究的广泛领域。在某种程度上，正是这一点使它如此令人着迷，但也是这一点让它如此折磨人。在刘易斯·卡罗尔的《爱丽丝镜中奇遇记》一书中，矮胖子和爱丽丝之间曾有一段对话，我们来听一听。矮胖子“轻蔑地”断言道：“我用一个词的时候，它的意思只代表我想要的那个意思，不多也不少。”爱丽丝言之有理地回复：“问题是你怎么能造出一些词，它可以包含许多不同的意思呢？”

爱丽丝和矮胖子的沟通失败正是如今许多对无聊的研究的

象征。虽然我们认为，关于无聊并不存在正确或不正确的定义，但我们相信更准确一些是有必要的。

在本书中，我们致力于运用心理学方法来界定这个难以捉摸的主题，因为我们认为无聊是一种心理层面的经验。我们还
4 试图为这个分散破碎的领域提供一个组织框架。我们希望它能成为广大读者和学者讨论交流的共同出发点。

我们以一个问题开始我们的旅程："什么是无聊？"大多数人都觉得自己很了解无聊这种最日常的体验，但要给无聊下定义，那就难了。我们探索得越深入，无聊就越是神秘有趣。接下来，我们会问另一个问题："无聊的好处是什么？"为什么进化的力量将我们塑造成了会被这样一种负面体验所影响的生物？我们将会看到，感到无聊是一种能力，这种能力其实是有益的。当无聊袭来时，我们不必害怕。关键在于，如何应对无聊。

接着，我们关注下一个问题："是什么让我们无聊？"答案并不简单。无聊，就像美一样，在不同人的眼中是完全不一样的。让甲感到欢愉的事可能对乙来说无聊透顶。然而，有一些关键因素存在于我们自身以及我们所处的环境中，这些因素增加了我们被无聊压垮的风险。进而我们研究，无聊是怎样发挥影响，使我们切断与他人的联系，脱离我们创造意义和找寻目的的根本需求。接下来，我们仔细思考无聊的反面是什么，这会加深我们对这一体验的理解，并为找到应对无聊的最佳策略

铺平道路。

无聊是对行动的召唤，它是一个信号，提醒我们需要更加投入。它将我们推向有意义的、令人满足的行动。它迫使你问出那个重要的问题："我该怎么办？"本书并不是要回答这个问题。这是一部指南，帮助你更透彻地理解无聊的含义。

第一章

无聊的别名

· · ·

你的目光离开洗碗池里的盘子，望向窗外的后院。一股 5
烦躁涌上心头。你想做点什么，做什么都行……但到底是什么呢？你一直心烦意乱，此刻刚刚注意到你的狗。

它是一只澳大利亚牧羊犬，灰蓝色斑点布满全身，深棕色的斑纹勾勒出一张警觉的脸。它习惯奔跑着将羊群或牛群围起来，这是一种不可思议的技能，但看起来它毫不费力。你每天遛狗两次，老实说，这已经是夸张的估计了。但是，对它这个活泼的小生物来讲还远远不够。它需要宽敞的空间，需要活动，需要一个目标和一份工作。这跟你没有什么分别。

这会儿，没有羊群需要它赶进木栏，它只顾着绕着你的草坪全速奔跑，画出一道道宽阔的圆弧。通常，这会让你的嘴角上扬。这条狗一心追着自己的尾巴，偶尔会抓到它，这看起来很有趣。但也很没意义，你意识到。就在这时，它停止了转圈，喘着粗气，捕捉到你脸上的笑意。它忧郁的表情让你的笑容慢慢凝固。你呆滞的神情让它察觉到，你没有解救它的打算。你不会做任何事来将它从烦闷中拯救出来。于是，一圈圈没有尽头、毫无意义的奔跑又开始了。

6 它很无聊，你知道的，它也知道。如果你的狗也会觉得无聊，那你又有什么希望能解决自己的莫名烦躁呢？

· · ·

戴洛克爵士："亲爱的，外面还在下雨吗？"

戴洛克夫人："是的，亲爱的。我都快烦死了。我烦死这个地方了。烦死我的生活了。烦死我自己了。"[1]

这段对维多利亚时代生活的鲜活描述来自查尔斯·狄更斯的小说《荒凉山庄》的电视改编版。在此书中，狄更斯第一次引入了**无聊**（boredom）一词。虽然在此书之前，英语里已经有**无聊的人**（bore）这个词，[2]法语里也早有ennui[3]一词来描述一种倦怠的感觉，不过无聊一词直到19世纪后期才被广泛运用在英语中。但是，没有概括这种体验的词语，不代表无聊就不存在。[4]

无聊，以这样或那样的形式，一直与我们同在。它是我们的生物性的一部分，而我们的生物性是由漫长的演化塑造而成的。无聊有着复杂又迷人的社会、哲学、文学、美学和神学历史——这一历史太过复杂，在此无法全部涵括。[5]但是，要真正了解无聊、定义无聊，我们必须从某处着手。

无聊简史

彼得·图希在他精彩的著作《无聊：一部生动的历史》中，将无聊的起源追溯至古代。[6]古罗马哲学家塞内加也许是第一个描写无聊的人。他有感于日常生活的单调乏味，将无聊与 7
恶心和厌恶联系到一起：

> 这样过日子有多久了？当然了，我会困，会睡，会吃，会渴，会冷，会热。这样的日子是否没有尽头？一切都是周而复始的轮回。日夜交替，四季更迭。过去的会再次到来。我没有做什么新的事，也没有看见什么新的东西。有时，这让我感到恶心。在很多人眼中，生活并不痛苦，但很空虚。[7]

塞内加抱怨日复一日的重复，显然，他的悲叹听起来并不过时，让我们想到那句“太阳底下无新事”。有人可能会说，《圣经·传道书》对单调日子的哀叹要比塞内加的描述更早一些。在概述了财富和名誉带来的辉煌之后，《传道书》的叙述者说道：“已有的事，后必再有；已行的事，后必再行。日光之下，并无新事。”[8]无论是塞内加还是《传道书》，两种怨语都强调了无聊的两层内涵。其一，无聊是一种负向体验；其二，它让你觉得没有意义可言，让生活看起来很空虚。图希甚至告诉我们，在公元2世纪的罗马，一个村庄纪念了一位官员，因为他神奇地将人们从不可忍耐的无聊中解救了出来！[9]

无聊源于对日常生活缺乏激情，这种情绪在中世纪也赫然可见。一些学者认为，现如今我们所称、所理解的无聊源自拉丁语中的acedia，该词指的是对维持禁欲生活的灵修缺乏热
8 情——一种精神上的疲倦和怠惰，以至于葬礼等仪式也失去其意义。[10]

无休止地重复每天的例行公事，这被当时的人们称作“正午恶魔”，它在隐居的僧侣们中间催生出了一种奇怪的感觉——既无精打采，又焦躁不安（这一对奇怪的盟友将在本书中反复出现）。[11]塞内加和僧侣们不仅指出了单调和无目的所具有的压迫性本质，而且向我们展示出，无聊早已与我们同在，远早于狄更斯对它做出的描述。

直到19世纪中晚期，对无聊的心理学探讨才开始出现。正如我们在心理学历史中经常看到的那样，是德国人打响了第一枪。当时以人类学研究而闻名的特奥多·魏茨（Theodor Waitz）与哲学家特奥多·利普斯（Theodor Lipps）研究了德国人所说的“Langeweile”（字面意思是“半晌”）。[12]对魏茨来说，无聊与意识的流动有关。当一个念头引发下一个念头，我们就会对这缕思绪的终点有所期待。当这种期待没有得到满足时，无聊便产生了，意识的流动因此出现了断点——思绪脱轨了。[13]利普斯则认为，无聊的产生源于一种冲突，即我们渴望“强烈的

心理活动”，却又无法受到刺激。[14]

英语世界的心理学开拓者、博学家弗朗西斯·高尔顿爵士（Sir Francis Galton）和哲学家威廉·詹姆斯（William James）对无聊也有类似的思考。高尔顿研究了被中世纪僧侣称作“正午恶魔”的焦躁的概念。高尔顿不断寻找衡量人及其行为的方法，他记录了在一场枯燥的科学讲座中坐立难安、左右摇晃的观众——这是烦躁和无聊的明显表现。在20世纪初的一次演 9
讲中，詹姆斯哀叹道：“一种无可救药的乏味即将席卷这个世界。”[15]对詹姆斯来说，这种乏味和随之而来的无聊之所以产生，是由于信息在**数量**上增长，却以**质量**为代价。

这些对于无聊的早期探讨都暗示了一种不适感，即想要投入令人满足的活动，却又无能为力。它们都强调了无聊的核心：这是我们头脑空空的信号。

一个存在主义困境

詹姆斯所谓“无可救药的乏味”、塞内加对千篇一律带来的恶心感的哀叹都指出了无聊这一体验的关键要素——一种事情缺少意义的感觉。意识到生活的荒诞，会使人产生焦虑之感，存在主义哲学家对此进行了探究，他们也因此成为最早对意义在无聊中的作用进行系统阐释的学者之一。[16]

存在主义的悲观先驱亚瑟·叔本华认为，世界的根本现实

最直接地表现为我们对于欲望的具身体验。换句话说，生活是
欲望、奋斗和期盼。如果人生是无休止的渴望，那么我们怀有
的欲望永远无法得到彻底的满足；一个欲望实现了，另一个欲
望又出现了，欲望本身一直存在。幸福——从欲望中解脱的片
刻——永远是即将降临。幸福一旦到来，新的欲望将立刻现身。
根据叔本华的说法，我们注定要长久地受苦，因为心中的欲望
10 如流水般永不停歇。两个悲惨的选项摆在我们面前：欲望未了
的痛苦，或是无欲无求的无聊。[17]

索伦·克尔凯郭尔，丹麦哲学家、存在主义的另一位先驱，他也将无聊同寻找或领会意义的奋斗联系起来。当无法充分地领会意义时，我们会觉得自己贫乏且无能。[18]在著作《非此即彼》中，克尔凯郭尔通过奉行享乐主义的叙述者之口说道："无聊根植于虚无，虚无贯穿于存在；它带来无限的眩晕，就像凝视无限的深渊一般。"[19]

对克尔凯郭尔观点的一种解读是，之所以"无聊是万恶之源"，恰恰因为我们寻求一切方法来避免无聊。[20]躲避无聊实际上是在**加强**它的束缚。如果我们没有那么渴望逃离无聊，它会将我们引向另一种生活方式，对于人生目标的热切追求将成为我们的向导。[21]事实上，《非此即彼》下卷坚称，当我们放弃享乐主义，过一种更加合乎道德的生活时，无聊也将不再那么令人苦恼。

在试图定义无聊时，最后一个不得不提的存在主义者是马

丁·海德格尔。[22]首先，海德格尔让我们想象自己坐在一个火车站，等待一辆晚点两个小时的列车。巡视这个火车站只能提供最肤浅的娱乐。我们有书或者可以打电话，但也只能带来片刻的消遣，很快我们就需要新的对象来转移注意力，消磨时间。海德格尔把这种情境称作**浅层的无聊**（superficial boredom），指向一个还没有到来的外部对象，或一个还没有发生的外部事件。换言之，时间变得漫长。[23]

接着，海德格尔让我们想象自己置身于一个社交场合，某 11
个愉快、惬意的聚会，也许是庆祝某位同事退休的聚会。我们谈论时事，交换彼此子女的最新成就或者小缺点。如果在加拿大，我们会花大量的时间讨论天气。用不了多久，我们就会意识到，整个时光虽然足够欢乐，但毫无意义！也许我们颇为投入，但我们不会觉得自己投入了什么有意义的事。我们感觉自己的时间被浪费了。与这种**无聊相伴**的活动并不会和一个具体的对象或事件（例如等待一列火车）直接联系在一起。然而，这是无聊的第三个层面，也是对海德格尔来说最重要的一层——**深度无聊**（profound boredom）。这种无聊不指向某一对象，也没有明确的触发点。它是永恒的，意味着一种空虚。在这种空虚中，我们看到了现实的恐怖之处。

因此，纵观历史，无聊一直与庸常生活相联系（塞内加所言的“日夜交替”）。由于没有一件事能保证让我们此刻或未来得到满足，我们每日的奋斗似乎空无意义。这就是无聊的讽刺之处。一方面，它凸显了存在本身的无意义；另一方面，它促使我们永不停歇地追求新鲜和有意义的东西——我们希望能够满足我们的东西。[24]

沙发上的无聊

存在主义者把无聊视作缺乏意义引发的一种问题，精神分析学家则把无聊看作应对焦虑的一种解药。[25]

12 古典精神分析理论认为，我们的原始欲望掩藏在层层社会化的外衣之下，让我们不得安宁。意识到这些欲望的存在，对我们的自我意识和社会秩序都是一种威胁——我们害怕自己的欲望。一种对策就是简单地将那些我们不想要的欲望从头脑中清除出去。然而，随后我们便会有一种强烈的感觉——想要做些什么，却又无法准确说出想做的是什么。我们已把那些欲望的细节关押在潜意识的地牢里。我们渴求，这种渴求却又没有具体目标，在这种感觉中，我们会焦虑难安，尝试寻找能够满足渴求的强有力的东西，却徒劳无获。

根据拉尔夫·格林森（Ralph Greenson）对无聊的早期精神分析，无聊被归类成一种焦躁不安的状态。[26]格林森记录道，他的一位病人之所以无聊，是因为他需要努力克制自己的冲动。实际上，如果不处于无聊的状态，他的病人“会有严重的抑郁反应或者冲动行为”。格林森总结道，对于无聊的人来说，紧张和空虚都是一种由于缺乏刺激而产生的心理饥饿。因为不知道是什么导致了这种饥饿的感觉，人们会求诸外部世界，以期找到消失的目标和/或对象。[27]

对精神分析学家来说，无聊代表着对更深层次心理问题的回避。但这让我们又陷入了另一个困境。我们能想到的任何事情都无法让我们满足，因为它们离我们的原始欲望太远了。[28]意识不到自己的情绪，我们就像失去方向的浮舟。[29]

如果说存在主义强调了无意义导致的麻木，精神分析学派 13
则凸显了无聊与焦虑的关联。我们应对无聊的努力导致了荒诞的困境。英国精神分析学家亚当·菲利普斯（Adam Phillips）写道，无聊是“一种悬而未决的期待状态，事情开始了，却又什么都没发生；一种弥漫开来的焦虑不安，它包含着最荒唐、最矛盾的祈求，祈求一种欲望”。[30]

这段文字是对列夫·托尔斯泰的小说《安娜·卡列尼娜》中一句话的改写：“无聊——一种对欲望的渴望。”[31]所以，根据精神分析学家的看法，每当我们被内心真正想要的东西所威胁，无聊便会产生。

人生意义的缺失和内心深处的冲突，这些似乎都是人类独有的问题。20世纪社会学家、精神分析学家、心理学家和哲学家艾里希·弗洛姆有句名言：“人是唯一会感到无聊的动物。”[32]弗洛姆错了吗？无聊真的是人类特有的体验吗？看到你的猫追着激光笔跑，很难想象她会体验到存在主义忧虑，或者焦虑于不被接受的欲望。

在人类的无聊之外

不难相信，动物也会投入游戏。无论是嬉戏打闹的虎崽或狮崽，还是滑下泥泞的斜坡、冲进象群的象宝宝，[33]抑或是用尾鳍把海狮高高抛起然后驱走的虎鲸，[34]似乎显而易见，动物们喜欢玩耍。早期关于玩耍的功能的理论认为，玩耍是为了培
14 养幼崽成年后必备的技能，或者是一种重要的社交纽带。这些说法并不是事情的全部。动物幼崽之所以玩耍，并不仅仅是为了长成更凶猛的狩猎者，或是为了拥有更多的朋友。有关动物玩耍行为的最新理论认为，玩耍可以带来短期的利益，对人类来说亦是如此——玩耍能够减轻压力。[35]

如果我们承认动物会玩耍（也许出于和人类一样的原因），那么，我们为何不能相信动物也拥有其他我们曾认为是人类独有的体验呢？换句话说，动物会感到无聊吗？如果玩耍能够帮助动物应对压力，那么，当它们被阻止投入它们通常会选择的行为（玩耍或其他）时，无聊也许就会产生。贫乏的生长环境对动物会产生有害影响，包括抗压能力低下[36]、适应性差和大脑发育迟缓。[37]反之亦然——丰富的成长环境有利于动物的脑神经发育。和本书主题尤其相关的是，有些学者认为在贫乏的环境下长大的动物有类似于无聊的行为表现。弗朗索瓦·威梅

尔斯菲尔德（Françoise Wemelsfelder）是苏格兰农业学院的科学家，他始终认为，动物也会感到无聊。[38]在他看来，圈养动物所处的封闭空间是罪魁祸首。有限的空间显然也使得动物可以选择的行为变得极为有限。它们只剩下一些模式化的行为可做，在某种意义上，这些行为是毫无意义的，因为它们不能体现动物在野外生活时的通常所为。正如我们将在整本书中所讨论的那样，作为人，我们感到无聊时，实际上同样是面临对我们的能动性的挑战，换句话说，我们感到主宰自己生活的能力 15
受到挑战，或某种形式的限制。

但我们怎么确定动物是真的体验到了无聊，而不是别的东西呢？圭尔夫大学的丽贝卡・马尔（Rebecca Meagher）和乔治娅・梅森（Georgia Mason）进行了一项研究，探究如何区分人工饲养的黑水貂的几种情绪——快感缺乏、冷漠和无聊。[39]快感缺乏是指无法体会到快乐，在人类身上，它与抑郁症有联系。[40]冷漠被认为有别于无聊，因为它表现为缺乏兴趣，且无意改变现状。相反，无聊的特征则是一种想要做些什么的强烈愿望。换言之，快感缺乏的人感受不到愉悦，冷漠的人漠不关心，无聊的人则渴望投入什么。当然，问题在于，我们没法儿让一只动物直接告诉我们它什么时候觉得无聊（或者冷漠、快感缺乏）。但是我们可以研究动物面对新刺激时的行为，这正是丽贝卡・马尔和乔治娅・梅森所做的。

马尔和梅森测试了两组水貂，一组饲养在条件贫乏的笼子里，另一组则饲养在条件丰富的笼子里，允许进行更为多样和探索性的活动。研究人员分别给两组水貂展示了三类新刺激——厌恶刺激（捕食者的气味）、奖励刺激（移动的牙刷，相当于猫咪眼中的激光笔），以及模糊刺激（塑料瓶），同时记录了水貂接触新刺激的时间、时长和次数。这个实验背后的逻辑是，冷漠的动物会逐渐失去对所有新刺激的兴趣。相反，快感缺乏的动物只会对奖励刺激失去兴趣，因为此类动物无法感到快乐，所以不会主动靠近通常来说能够引起愉悦或积极反馈的
16 物体。对无聊的动物来说，情况就不一样了。研究人员认为，无聊的动物会无差别地接触所有刺激。换言之，如果一只生活在条件贫乏的笼子里的水貂感到无聊，那么任何新刺激都可以满足这只水貂参与世界的需要。研究人员观察了两组水貂接触的刺激类型，以及看到刺激物展示后水貂的反应速度有多快。

条件贫乏的笼子里的水貂会更快地接触**所有**类型的刺激——包括捕食者的气味！这么看来，这些水貂并非抑郁或者兴趣缺失，它们极为渴望刺激，这显然是无聊的表现。研究人员也观察了补偿性行为，即水貂吃了多少食物。条件贫乏的笼子里的水貂比条件丰富的笼子里的水貂吃得更多。人类也会通过吃来弥补无聊的空虚。即使我们不用无聊这个词来描绘水貂，这项研究也表明，饲养在贫乏环境中的动物会对新的行为或刺激非常敏感。

当然，所有这些结论仅适用于圈养动物。野生动物也会感

到无聊吗？也许会，但这种无聊只会持续非常短的时间。在没有限制的自然环境下，动物能自由决定它们的行动。而圈养动物注定只能过单调的生活，它们被囚禁着，无法体验在野外通常会进行的一切自由活动。

所以，对人类和动物来说，重点都在于，我们必须拥有自主决定权，按照自己的意愿参与到世界中，必须根据自己的需 17
要做出自由选择。仅仅是眼花缭乱的选择和激励并不够。实际上，过多的选择和持续的刺激都会超出我们的控制，这种感觉一点都不舒服，更像是焦虑，甚至是狂躁。选择是关键的。要做出选择，我们必须认定一项活动比另一项更重要或更能使我们满足。而研究表明，动物与人类一样，也会区分不同活动的重要程度。如果它们更看重表达自我的自由，那么它们必将被无聊所困。[41]所以，圈养动物的无聊让我们看到的是一种技能和环境的不匹配，它们本可以在野外自由施展自己的生存技能，而现在却被环境所限制。如果我们所处的**环境**阻止我们充分表达我们是**谁**（或我们能做什么），无聊便产生了，动物和人类都是如此。

大脑对无聊的反应

我们对无聊的定义说明，无聊有着悠久的历史，且并不为人类独有。但是，无聊是否具有生物学基础呢？试图追踪无聊的生物特征的研究从多个角度攻克这个难题，检测包括心率在内的生理指标的变化，观测脑电信号，并通过功能性脑部扫描探索大脑活动网络。这些研究均处在初始阶段。研究人员才刚刚开始探入我们的大脑，以期更深入地理解无聊的神经特征。[42]

笔者的团队探索大脑对无聊的反应的方法是让被试观看一
18 段影片，同时用磁共振记录他们的大脑活动。我们准备了两段影片，其一是一段时长八分钟的两个人晾衣服的影片（目的是让被试感到无聊），其二是英国广播公司（BBC）出品的《蓝色星球》系列纪录片的精彩选段。这个实验的结果非常有趣。无聊的特征并不在于大脑中有多少显著的神经活动，而在于两个不同的脑网络如何连接在一起。第一个脑区是脑岛皮层，它的功能之一是传递信号，告诉大脑外部环境中有些重要的东西，从而帮助我们的大脑注意到那个信息。[43]第二个脑区是默认模式网络，如果外部环境中没有值得注意的东西，默认模式网络便会活跃起来。当我们专注于自己的想法和感觉时，默认模式网络也会变得活跃。当我们感到无聊时，脑岛皮层和默认模式网络这两个脑区呈负相关，也就是说，当一个的活跃度升高时，另一个的活跃度则会降低。虽然还需要更多相关研究加以佐证，但我们认为，这一模式可能与想要投入一系列单调无趣的事件中却持续失败息息相关。关键是，当人们只是休息或者观看有趣的BBC影片时，这两个脑区的神经活动并不呈负相关。这些结果指向一个迷人的想法：无聊的大脑并非无事可做，相反，大脑正期待着能够做些什么的**可能性**。目前，这项研究尚在初始阶段，我们的结果也只能说是合理猜测，但现有的发现已经非常有趣，至少表明了无聊与一种独特的神经状态相关联，并且有生理基础。

古老体验的现代定义

在狄更斯赋予这种感觉以无聊之名之前，它就已伴随我 19
们。无聊是痛苦地困在此时此地，失去了任何自主决定的能力，却又被驱使着去寻找一些我们能够参与其中的东西。过去几十年里，我们看到人们对定义无聊这件事的兴趣与日俱增。维加纳・凡・蒂尔堡（Wijnand van Tilburg）和埃里克・伊古（Eric Igou）认为应该将无聊定义为一种意义缺失，而伊林・韦斯特盖特（Erin Westgate）和蒂莫西・威尔逊（Timothy Wilson）则认为无聊是意义缺失和注意力不足的共同结果。托马斯・戈茨（Thomas Goetz）及其同事认为，在教育环境中存在多达四到五种不同类型的无聊。安德烈亚斯・埃尔皮德罗则从积极的视角来看待无聊，认为无聊是一种“驱动力”，促使人们投入新的事情。希瑟・连奇（Heather Lench）和沙恩・本奇（Shane Bench）支持一种相似的说法，即无聊源于我们对一种情境的情绪反应在强度上有所减弱，这激励我们去行动。[44]

但是，当本书提到无聊时，到底是什么意思呢？为了直接解决这个问题，我们检索了各领域的专家和普通人对无聊这种体验的定义。我们发现，各个群体之间存在惊人的一致——**无聊是一种想要——却无法——参与到令人满足的活动中的不适感。**[45]

当我们想要投入精力却无法做到时那种头脑空空的感觉，就是无聊。众所周知，我们能感受到情绪，却不常认识到我们也能感受到思考。这就是我们接下来要讨论的。关键不在于我们思考**什么**，而在于我们**如何**思考。[46]想一想，当我们领会了
20 手中捧读的文字，或者即将解开一个难题，又或者全神贯注于某件事以至于不觉时间流逝时，我们体会到的那种积极的感觉。相反，当我们不得不在一件事上倾注心力时，我们感觉到的是不折不扣的痛苦。将无聊定义为一种思考的感觉，这并非本书的原创。这个观点源于特奥多·魏茨：思维的流动出现了断点，无聊便会产生。近期，让·哈密尔顿（Jean Hamilton）及其同事提出，无聊产生于“意识的在认知层面的信息加工行为”。[47]

需要指出，虽然我们将无聊与思维过程联系在一起，但我们无意将它归类为一种情绪。一般认为，情绪不像感觉，情绪是由多个部分组成的。情绪由与我们基本需求相关的具体的事件触发，并且指导我们对这一事件做出具体反应。相反，无聊作为一种关于思考的感觉，并不是以这种方式与外部事件相联

系，而是对于一个进行中的认知过程的体验。[48]

那么，当我们感到无聊时，我们的头脑中发生了什么呢？我们认为，有两种潜在的机制在发挥作用。首先，当被困在一个**欲望迷局**，即想要做些什么又不想随便什么都做时，我们便会感到无聊。我们一时无法激起想做点什么的欲望。我们可能希望换个环境，因此感到沮丧，但关键是我们心中无法生发出对当前可及的事物的欲望，于是我们觉得无聊。其次，当我们的认知能力、我们的技能和天赋不得其用时，也就是说当我们头脑空空时，我们也会感到无聊。如果这两种机制同时出现，无聊便浮现了，如果它们不出现，无聊也不会出现。这两种机制相互加固。需要明确的是，这些机制并不是无聊的**诱因**，它们就是无聊**本身**。实际上，正如我们有意不把无聊当作一种情 21
绪，我们也有意不从原因来定义无聊。[49]

无聊是一种头脑空空的感觉。这里的“空空”到底是什么意思呢？它指的是一个人的认知能力没有得到充分发挥。有两个因素决定我们的认知能力能否在某一时刻得到发挥——当前的活动需要花费多少认知能力，以及我们选择投入多少认知能力在当下的任务上。有些活动比其他的更有趣，还有些就需要花费太多心力。想象一下在接下来的半小时里记住数字3，这不是多有挑战性的任务。事实上，这个任务太简单了，以至于你还有认知能力根本用不到。如果其余的认知能力找不到用武之地，你很有可能就会感到无聊。另一方面，如果我们不想在当下的任务上花费精力，那么，不管这个任务有多复杂，我们也一样会觉得头脑空空。但是，当手头的任务太过简单，或者我们无法专注于当前的任务时，我们也可以通过内心的想法来获得参与感。[50]

当我们的认知资源未被完全利用时，我们就会体验到无聊带来的不安感，这是进化的力量所塑造的。正如身体没有足够的营养，我们就会感到饥饿，头脑的营养不足也会激发我们想要改善这种处境。生理结构决定了我们愿意追求精神上的投入，而无聊就是促使我们不断寻求这种投入的信号。这种本能动力
22 具有普遍性，直到智能手机之类的如此便捷的精神投入机器被发明出来。现在，我们拥有那么多前所未有的、诱人的、快速的、便捷的占据心智的方法，想要摆脱无聊困境的本能动力可能会将我们引向一些幽暗之处。

我们天生就要追求精神投入的说法不应该和施展心力的需求混为一谈。实际上，反过来说也许才是对的——在相同条件下，我们会追求更容易占据我们心智的活动。我们是“认知吝啬鬼”。[51] 占据我们心智的东西并不一定需要花费多少心力。我们可以放松自己，让思绪漫游，不去想任何特别的事情，这样也依然可以做到精神上的投入。想象如何花掉买彩票赢得的奖金，或者漫不经心地计划成为首相或者总统后的未来，这两个绝佳案例说明幻想是如何毫不费力地占据我们的心智。

除了不安感，还有四个迹象可以表明我们遭遇了无聊。严

格来讲，这些迹象并不是无聊定义中的一部分，但它们是无聊这种经验的核心要素，所以值得一提。我们可能注意到的第一个迹象是，当我们感到无聊时，时间变得漫长。德语里形容无聊的词是langeweile，这个词精辟地总结了这一体验。如果没有什么占据我们的头脑，那么我们只能关注唯一剩下的事——追踪时间的流逝。想想你去更新驾照的那些日子，坐在不舒服的椅子上，和一群同样命运的陌生人待在一起，空调出了故障，你什么也做不了，只能盯着LED显示屏上跳动的数字。时间被拉长了。无聊的第二个迹象是难以集中精力。面对单调乏味、让人提不起兴趣的选择，我们的注意力开始衰减，我们的 23
大脑开始神游，无聊产生了。想象一下那些让你备受煎熬的没完没了的会议，虽然你知道你应该用心听这个月的数据，或者上级归纳的本月病假天数增加了1%的原因，但你就是没法百分百集中注意力。第三个迹象是，当我们感到无聊时，手上做的任何事都变得没有意义。简单来说，那些我们不想做或者不能占据我们心智的活动是没有价值的。在无休止的会议上，不仅很难集中注意力思考病假天数的微小增长，而且，这整场会议都像是彻头彻尾的浪费时间——时间一去不复返。第四个迹象是，无聊是没精打采和焦躁不安的结合体。当我们感到无聊时，我们的精力水平会出现各种各样的状况。上一秒你还偃旗息鼓地躺倒在沙发上，不愿意移动哪怕一寸，下一秒你就紧张起来，在客厅里焦虑地踱步，想找些什么事做，但没有什么能满足你躁动的心。每次想到一件事，你就会告诉自己："还是算了，不值得。"[52]

需要强调的是，我们描述的是一种实际发生的、当下感觉到的无聊。这是心理学家和社会科学所称的**无聊状态**。在本书中，我们就用**无聊**这个词指代这种状态。对一部分人来说，他们更频繁地感到无聊，而且他们所感到的无聊也更加强烈。这是由性格决定的，心理学家和社会科学家称之为**特质性无聊倾向**。在下一章中，我们将探索无聊是如何被状态性因素和性格
24 因素引发的。但是，不论无聊的诱因是什么，这一体验及其机制是不变的。换言之，无聊并没有那么多不同的类型。我们认为无聊应该有一个统一的定义。在我们看来，定义不同种类的无聊只是把事情复杂化了。[53]

厘定定义是科学家的本职，但现实世界通常让下定义这件事变得艰难。戴洛克夫人第一次将之命名为"无聊"的东西，如今以各种各样的名字困扰着我们。不过，我们已暂定了关于无聊的定义，现在可以继续发掘它的原因了。

无聊几乎无处不在——但在某些时刻变得尤其危险。没有人能免受其害，只是一些人遭受更多。下面，我们将探讨引起无聊这种难解状态的外因和内因。

第二章

『刚刚好』原则

· · ·

这一天终于来了，你很激动。这是你的第一次西部旅行， 25
你满怀期待，想要欣赏落基山脉、哥伦比亚冰原和野生生命的壮丽风景。从高中开始，这趟旅行就在你的愿望清单上。但是，今天的航行充满了复杂的规章和手续，似乎在影响你的兴致，让你感到厌烦透顶。

加拿大航空的登机手续本应很简单的。大多数烦琐的事务都已经提前在网上完成了，所以你觉得这次办理值机应该会很快。你错了。因为漏掉了一些其实并不重要的信息，你只能在值机柜台旁边等待问题解决。半小时过去了。一小时过去了。工作人员一边重重地敲着键盘，一边给上级打电话。最后，登机牌终于到了你手中。你天真地以为这一切终于结束了。

你想找到最快的那条安检通道。没意义，真的，你也知道的。刚才在杂货店结账的时候你就干过一样的事，结果却卡在了一个老奶奶后面，等着她从全世界最小的零钱包里把硬币一

26 点一点地抠出来。但这次你总得试试吧。最右边那条通道的队伍好像走得比较快，所以你拖着脚去了那里。

你完全没注意到排在前面的是谁。是一家人，带着三个随身行李箱，每个都大到可以装下你所有的行李。而安检人员决定挨个检查行李箱。小瓶的化妆品、大瓶的洗发水和护发素、吸管杯，还有一堆果汁盒和水瓶。他们难道是把全部家当都带上了吗？所有这些东西都要接受检查，也都引起了争论（这家人倒是有理由愤愤不平），最后这堆东西也只能扔了。你选的快速通道现在是封锁状态。

好不容易过了安检，但这还没完。你原本打算在登机前从行李箱里拿出约翰·勒卡雷的小说，舒舒服服地看一会儿，但现在，不知怎么的，你完全没这个想法了。你也可以去候机厅对面买本杂志，或者逛逛免税店。不对。你觉得这些都没什么意思，你呆呆地坐着。现在你什么都不想做，但你之前绝对想在登机前做些什么。最终，你能做的只有等待，只能关注唯一剩下的那件事——时间的缓慢流逝。一阵阵无聊席卷了你。

· · ·

我们会叫无聊的人振作起来，或者给他们提供一些我们觉得可行的选项。读读书，跑个步，看会儿电视，给朋友打个电话。其实，这些东西无聊的人都知道，他们知道有大把的事等着自己投入。我们对他人的无聊的反应凸显了我们对无聊的潜在机制和根本原因的无知。无聊的人知道他们有**好多事**可以做，但他们就是不能**投入**其中。如果能的话，他们早就这样做了。27 如果无聊就是没有做事的动力，那么告诉他人有事可做并不能扭转局面。就像一个不会游泳的人溺水了，我们不会叫他使劲游上岸。

研究无聊的原因并不容易。简而言之，这件事太复杂了。就像我们之前讨论的，当我们无聊的时候，有两种机制在发挥作用——未能充分发挥的认知能力，以及欲望迷局。有些无聊的原因直接引发了一种潜在机制，而另一些原因则引发了另一种机制。在这一章，我们的目标是沿着这条线索，进一步理解引起无聊的各种原因。在找寻无聊的原因之前，我们先来详细讲讲构成无聊的机制。

无聊是痛苦的，这种痛苦与空虚的心灵和我们所说的欲望迷局都有关联。无聊的人肩负着脑子里空无一物的重担。不论他们做什么，想什么，感觉什么，或者想象什么，都不能充分调动认知资源。同时，无聊的人想做些什么，却没法开始做任何事——就好像启动失败。这就产生了一种强烈的束缚——虽然想要做些什么，却无法将这种欲望和**当下**可以做的任何事联系在一起。因此，无聊是一种没有含义、没有方向的渴求——正如托尔斯泰所言，“对欲望的渴望”。在某些方面，无聊有点像“欲言难吐”现象——话到嘴边却说不出来。比如你依稀记得一个电影人物的名字，但就是叫不出来。[1]“这个人是梅

尔·吉布森吗？不太像。布鲁斯·威利斯？不，我觉得不是他。基努·里维斯？对，就是他！”这种感觉由两股力量交织
28 而成：缺了什么，以及想要填补空缺的欲望。但是，在“欲言难吐”现象中，至少你会觉得那个人的名字已经到了嘴边了，你总会想起来的。无聊这件事可没这么乐观。恰恰相反，你会发狂般地搜寻能够填补空虚、缓解压力的东西。这就好像我们为了找到一件合适的夹克，而不停试穿不同的款式，无聊的人试图从解脱的感觉中回过头来寻找可行的欲望。无聊时的我们追问这个世界，期待这个世界（或其他人，就像央求父母为自己**解**闷的小孩子一样）直接告诉我们，我们到底想要做什么。如果我们始终没有为自己的技能和天赋找到可用之处，无聊便会持续下去。

有时，我们会被情势所困，不得不克制自己的欲望。有时，我们不能随心所欲，比如在工作时我们不能去玩帆船。也有时，我们不能躲避不想做但分内的事，比如填报税单。这两种情形都令人沮丧，但不会让人无聊。感到沮丧或者不能随心所欲最终可能会引起无聊，但并不是引起无聊的**必要**条件。当我们发现自己的行为受限的时候，我们也会到处寻找其他选项，最后发现我们并不想做此时此刻能做的事。当这种情况发生，无聊的机制之一就被激发了——那就是欲望迷局，随之而来的是另一个机制——头脑空空。当两个机制都发挥作用时，我们就会无聊。这些情形下的我们，既为不能随心所欲而感到沮丧，
29 又为不能投入当下可做的事情中而感到无聊。抑或，我们不情愿

地做着不想做的事，比如持续做一些没劲的任务（填写报税单）或者从白日梦中寻找解脱（盯着办公室窗外看，想象着自己正在出海）。如果你还能继续手中的任务，或者神游天外，这意味着，你可以说自己依然很沮丧，但至少，你并不会觉得无聊。

所以，无聊并不等同于沮丧。当我们不能达到一个明确的目标时，我们会感到沮丧：我们想要出海，却必须上班。当我们最迫切的目标就是找到一个目标，而我们却找不到，这时我们才会无聊。无聊的人被一种欲望所折磨，却不知道满足这种欲望的条件是什么。[2]

叔本华精准地描绘了这种情境："心存欲望的人是幸运的，因为他们能够为之奋斗，能够继续游戏，这些欲望渐渐变成满足，满足变成新的欲望——如果过程比较顺利，我们称之为幸福；如何这个过程缓慢、悲伤——没有衰退的迹象，直至最终停滞，那么我们会感到剧烈的乏味，乏味到令人呆滞，我们将怀有毫无生机、漫无目的的渴望，我们将感到死寂般的倦怠。"[3]

无聊带来一个棘手的困境。我们想要做些什么，我们想要沉浸在一件事情里，但是目之所及，并没有什么能够满足这个愿望。这就是我们所说的欲望迷局。

我们可以尝试摆脱欲望，比如在睡眠中寻求庇护，变得冷淡，或者培养清静无为的心态。如果想要做些什么的压力能够
减退，我们便不会再感到无聊，而会满足于这种无为的状态。 30
或者，我们也可以强迫自己做一件事，直到它抓住我们的注意

力，并满足我们的欲望：比如，我们可以钻进互联网的兔子洞，第N次玩起消消乐，或者再一次鼓起勇气阅读那本经典著作《战争与和平》。

第三条路就是找到一个切实可行的欲望，这是可能的，却不是我们能控制的。相反，它是自然到来的。就像很想睡着一样——我们越努力，入眠越难。然而，我们可以创造有助于睡眠的条件。类似地，我们也能建立和培养有助于我们找到自己想要做的事情的条件。有时我们并不需要多努力，就像“欲言难吐”现象，当我们后退一步，就能找到自己的欲望。[4]或许我们应该听从赫尔曼·黑塞在《悉达多》中的建议：“我还能对你说些什么有价值的话，若只专注于追寻之物，你将一无所获。”[5]

所以，当我们头脑空空时，我们想要做些什么却不知道想做何事——这就是无聊。但我们是怎么走到这里的？是什么造成了无聊？无休止的政治辩论，听着别人讲你已经听过一千遍的故事，出席一个无聊的工作会议——**无聊场景**的清单很长很长。外部因素的确是无聊的一个重要原因。实际上，有四大外部因素会引起无聊：单调、没有目的、约束，以及我们的技能与当下的任务不匹配。

无聊四骑士

31 如果你盯着图2.1中的黑白加拿大国旗上面的小圆点看上

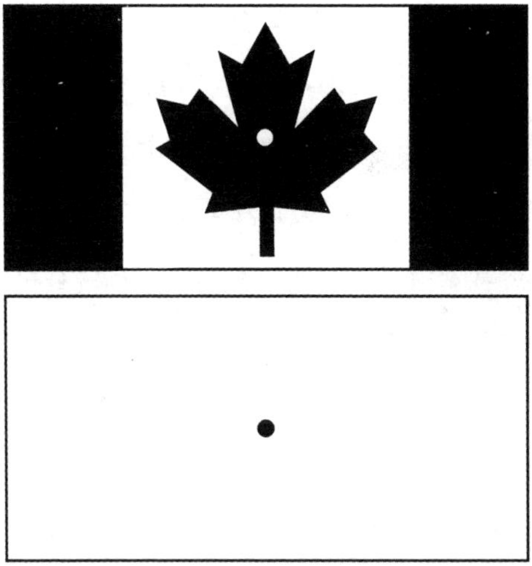

图2.1　加拿大国旗引起的适应性错觉。首先，盯着加拿大国旗上的小白点看30秒。如果不把视线移开，一直盯着它看，这种错觉会更加强烈。然后，看下方框线里的小黑点。你应该能看见一个和上面加拿大国旗颜色反相的图像。

30秒，然后再看下方框线中的小圆点，你会了解到有关自己大脑的一件重要的事——它不喜欢长时间盯着同一个东西。你看见的图像——一面颜色反相的加拿大国旗——叫作适应后效[1]。这种现象告诉我们，人脑的基础感觉系统也需要不同的感官刺激才能正常运转。6

单调是变化和多样性的反面，它是研究人员最先探索的无

[1] 适应后效，若感受器长时间接受同一种刺激，当这种刺激停止后，感觉印象并不会立刻消失，而会滞留一段时间。新的刺激落到感受器上时则会发生畸变。——译注（本书页下注均为译注，后文不再一一标明）

聊的外部因素之一。研究人员首先从工作场所中的单调入手。在两次世界大战之间的那些年里，劳动力需求发生了变化，从危险的体力劳动转变为更为轻松、重复性、机械化的工作。工厂更多要求工人们长时间重复简单的工作。[7]

J.C. 布里奇是当时英国的一名高级医疗检查员，负责监督各个工厂，他描述了 1931 年工人们的困境：

> 事实是，手艺人的乐趣正在被稳步增产的机械化进程压垮，其结果就是，越来越多的工人觉得“神经衰弱”。……毫无疑问，重复性劳动让工人们感到倦怠，这种倦怠并不体现为物理形式，而是体现为工人们的渴望，渴望能够暂时摆脱这种工作强加于他们的无聊，在这样的工作中，他们的头脑部分地或完全地被闲置了……必须让这些本身很枯燥的工作程序变得更有趣一些。在这种问题面前，筛选工人并没什么用，枯燥的工作远比适合做枯燥工作的人要多得多。[8]

单调的工作是无聊的，因为它不占据我们的注意力，也不能完全利用我们的认知能力。监控生产线并找到残次品，这件事并不会用到我们全部的认知能力。然而，当我们陷入白日梦，或者神游天外，想着晚上要和家人朋友做些什么的时候，残次品从我们眼皮子底下悄悄溜走了。[9]这就是症结所在。无聊单调

的工作需要**一点点**认知能力，所以我们不能完全不动脑子，但 33
这工作又无法**完全**发挥我们的认知能力，因此不能满足我们想要投入一件事的需求。

雨果·芒斯特伯格（Hugo Münsterberg）是工业和组织心理学的先驱，他也许是最早发现并研究工作场所中的单调问题的心理学家之一。芒斯特伯格认为工作场所中的单调是“人们对千篇一律和缺乏改变的主观厌恶”。他认为这并不是工作环境的客观质量导致的，而是个人主观判断的结果。毕竟，无聊因人而异，对甲来说单调的任务可能对乙来说乐趣无穷。[10]芒斯特伯格记录了一个奇人，他每天都要重复做三万四千次同样的动作。十四年来的每个工作日，他都会以正确的速度和角度，将铁条缓慢地推入自动运转的钻机，以使钻机在铁条上精确地打出一排小孔。芒斯特伯格采访了这个人，因为作为一个旁观者，芒斯特伯格觉得这项任务绝对无聊透顶。出乎意料的是，这个人丝毫不觉得无聊。事实上，他觉得这项工作趣味盎然，也很有启发性，甚至说多年来自己一直很享受这样一份工作。芒斯特伯格惊呆了，他写道：

> 我想这意味着，复杂的动作渐渐能够不假思索地完成，对他来讲就像条件反射，所以他能将心思放到其他事上。但他解释道，他还是觉得有义务将全部精力投入手头的工作［他的工资是按照铁条上小孔的数量计算的，所以

> 他想挣更多钱］……但他不仅是为了更高的工资，这项工作本身就让他感到绝对满足。[11]

34 对这个工人来说，单调的工作有其内在和外在价值，这对他来说很重要。但是，并非所有人都能在重复性行为中找到目的，这就使我们发现了引起无聊的第二个外部因素——没有目的的活动。重复性行为本身不会引起无聊；如果我们不能在其中找到任何价值，无聊便会产生。在上面那个例子中，这个工人完全投入他的工作，虽然这项工作表面上并不能让他集中全部精神。他越专注于工作，他也就越投入。当集中注意力时，我们心无旁骛。若三心二意，我们会愈加懈怠。所以，不知不觉中，我们会专注于一件别人不懂或毫无兴趣的小事。这就是自发专注的力量，它能够打消无聊。如果没有这种动力，单调就是无聊的发动机。如果有必要的话，我们可以将单调的任务变成有价值的事。对于芒斯特伯格采访的工人来说，他的动力是赚钱养家。近期的一些研究表明，这样的动力也可以很简单，比如让人们相信他们正在做的任务对健康有益，或者可以提高测验结果和就业前景。[12]一个好的理由就足够了，因为我们会为了这个理由去做一些本来不想做的事。但如果我们被逼着去做一件事，而且我们找不到任何要做这件事的理由呢？这个问题指向引起无聊的第三个外部因素，即约束。被迫做某事或者被阻止做某事一定会引起无聊。

早在1937年，纽约市立学院的心理学家约瑟夫·巴尔马克（Joseph Barmack）就指出约束和无聊之间的联系。在巴尔马克看来，无聊是一种“超饱和”状态，或者说是一个人想要停下却被迫继续做一件事时产生的感觉。[13]事实上，早期对单调的研究就是围绕着工作约束下的无聊展开的。 35

单调和约束相互滋长。[14]随着单调的事情的持续，我们的能量水平开始下降——我们所做之事重复性的、一成不变的本质使我们产生了适应性。想想数据输入这类工作——花费数小时将数据录入表格中。也许你正在录入雇员本月的工作时长或者查找库存，但这些都不够有趣。兴致一点点流失，我们昏昏欲睡。在某些情况下，这不是问题——你可以打个盹儿或者上上网。但如果我们手头的工作不允许我们放下，那就必须找到一个可以保持兴奋的方法，不然迟早会出岔子。[15]再者，并非所有工作都允许你打盹儿（想想空中交通管制人员）。坐立不安有时被视作在刺激神经，[16]但能对我们有益的并不一定对我们手头的任务有益，而且当任务枯燥得让我们昏昏欲睡的时候，想要提振精神也绝非易事。下降的能量水平和长时间专注的需求之间的这场战斗也许是阶段性的，两股力量此消彼长，当单调逐渐占据上风，我们便要付出更多努力，以保持清醒，不至于睡过去。无聊就是一种兴奋水平的波动状态。[17]但是，如果环境没有强迫我们做单调的任务，我们就不会经历这种波动。没有约束，就没有无聊。你大可以选择睡会儿觉，或者做点儿别的。无论哪种方式，都可以消除无聊。

36 位于诺福克的欧道明大学的马克·谢尔博（Mark Scerbo）及其同事验证了约束直接导致无聊这个想法。在他们的实验里，一组被试可以随时停止一项单调的任务，而另一组不得不继续做这项任务，直到研究人员让他们停下。尽管两组被试在这项枯燥的任务上花费的时间差不多，但仅仅是拥有停下来的自由，就使第一组被试所报告的无聊要少一些。[18]

我们不喜欢却又被迫去做的简单、重复、一成不变的任务——这一直是大多数关于无聊的研究的焦点。我们无法置之不理的那些缺乏挑战性的任务的确会导致无聊，但这并不是全部。

正如奥德修斯[1]所熟知的，顺利渡过一个难关相对简单，但是置身于两头怪兽之间，事情会变得难上加难。命途多舛的奥德修斯不得不航行于墨西拿海峡，同时还要躲避海峡两侧的多头海妖斯库拉和漩涡怪卡律布狄斯[2]。[19]同样，为了不被无聊俘获，我们的手上的任务不能毫无趣味，也不能过分挑战，两者都是难关。为了避免无聊，我们需要在自己的技能和兴趣与

[1] 奥德修斯，荷马史诗《奥德赛》里的主人公。

[2] 斯库拉，希腊神话中从船只上掳走水手的多头海妖，守护墨西拿海峡一侧。卡律布狄斯，希腊神话中吞噬过往船只的漩涡怪，守护墨西拿海峡的另一侧。

可选择的任务之间找到平衡——有点像“金发姑娘地带”[1]，也就是“刚刚好”。如果找不到，那我们就会被引起无聊的第四个外部因素所困。

电子游戏是个很好的例子。想象一下玩俄罗斯方块，连续玩新手关卡一个小时，如果你还不能升级，这个游戏就变得重复，你的技能也没有得到充分使用，你会觉得无聊透顶。现在，想象一下俄罗斯方块的地狱模式，从来没有人玩过。你很快就会力不从心。你需要花费一番工夫，努力提升技能的上限。第 37
一个例子中，我们体验到的就是多余——游戏变得没有新意。第二个例子中，我们会觉得混乱且嘈杂——游戏超出了我们的理解范围。[20]两种情形都无法使我们投入其中，所以很快我们就感到无聊。

虽然通过电子游戏这个例子似乎可以明显看出，适当的挑战水平以及我们的技能和任务之间的平衡是躲避无聊的关键，但是，能够直接验证这个想法的科学研究并不多。在一项研究中，我们让两组被试与电脑“对手”玩石头剪刀布。我们对游戏做了人工设定，使一组被试总是赢，而另一组总是输。然后两组人再进行打分，评估自己对这个游戏的掌控程度。出乎意

---

[1] 源自童话故事《金发姑娘和三只熊》：迷了路的金发姑娘进入了熊的小屋，她尝了三只碗里的粥，试了三把椅子，又在三张床上躺下，最后决定小碗里的粥最可口，小椅子坐着最舒服，小床躺着最惬意，因为那是最适合的，不大不小刚刚好。

料的是，他们的评价涵盖了所有可能的反应。那些总是赢的人并不觉得自己完全掌控了游戏，而那些总是输的人仍然觉得自己在一定程度上掌控着游戏。当我们研究他们的无聊程度时，最无聊的是那些觉得自己完全掌控了游戏或者觉得自己完全被电脑“对手”所控制的人。从挑战水平的角度来看，数据表明，当没有挑战（总是赢）或挑战太大（总是输）的时候，人们最无聊。[21]

在另一项研究中，我们让两组被试观看不同的视频，视频的时长都是20分钟。在一个视频里，一个滑稽的哑剧演员以极慢的速度反复教授最基础的英语单词。在另一个视频中，一个超级天才用极其复杂的数学公式和晦涩难懂的图表，教授高级计算机图形学。我们告诉两组被试，他们需要集中注意力，因为
38 待会儿要回答有关视频的问题。两组被试都感到难以忍受这个过程。两组的无聊程度没有区别。面对挑战性极低的哑剧表演，或者面对挑战性极高的数学问题，两者都让人感到无比折磨。[22]

无聊四骑士代表了我们所处环境中的风险因素，我们必须予以避免。的确如此。无聊时，我们总是立马归咎于这个令人失望的世界。但这并不是故事的全部。

引起无聊的内在因素

我们并非无辜的旁观者。相反，我们的所想所做非常重

要。研究表明，有一部分人比其他人更容易无聊。面对一种情境，我们如何反应以及我们的应对能力决定了我们是否会感到无聊。[23]在我们看来，引起无聊的内在因素主要有五种：**情绪**，即当下的感觉；**生理**，即对环境的觉察和反应能力；**认知**，即对周遭世界的专注力和思考力；**动机**，即投入某事的动力；以及**意志力或自控力**，即建立并执行计划的能力。这五个内在领域的任何弱点都将把我们推向无聊的边缘。[24]

情绪反映了我们与周遭的联系。换句话说，我们的情绪以各种方式标记事情的重要性。否则，我们将会漫无目的，主次不分。若没有情绪来标示不同事情的价值，我们的世界就会变得很扁平，也将失去色彩。我们将不再有理由去做这件事而不是那件事，也没有理由去做任何特别的事。

因此，缺乏情绪意识与无聊相关也就不足为奇了。[25]如果 39
一个人失去了标记自己的感受和重要之事的能力，那么，计划一项行动虽然并非全无可能，却会异常艰难。为什么感到无聊的人缺乏情绪意识，关于这一问题有种种解释，但大多数人都一致认为，无聊的人害怕情绪，而且试图逃避情绪。[26]一种存在主义的观点认为，当意识到自己是生活的主导者时，我们会感到一阵久久难息的焦虑，因为这种觉醒让人不知所措，而情绪麻木以及随之而来的无聊也许正是对这种焦虑的应激反应。[27]如果我们能找到赖以生存的外在标准，或者能够把内心的冲突归咎于外力因素，而非将生活完完全全掌控在自己手中，那么我们能活得轻松许多。从这个意义上说，无聊也许是我们为了和情绪绝缘——将令人不安的情绪和意识觉醒隔绝在外——而付出的代价。

但有没有证据可以支持这一将情绪意识缺乏和无聊联系起来的模型呢？史蒂文·哈耶斯（Steven Hayes）和他在内华达大学的同事研发了一个量表，用来测算他们所说的“行为逃避”，即一个人避免或逃避自己不想要的感觉的趋势。行为逃避指数高的人认为情绪是危险的，并且试图躲开它们。[28]我们小组的研究发现，躲避情绪的人更常被无聊所困。此外，无法正确标记情绪的人也更容易感到厌倦。[29]情绪赋予生活以生机和活力，逃避情绪或者缺乏情绪意识意味着无情地将生机和活力从我们的生活中摒除了。没有了丰富多彩、变化万千的情绪，我们将
40 生活在一个意义被抽空的世界，无法分辨什么于我们而言是有价值的（第七章将更深入地讨论意义的作用）。现在，我们指出，逃避情绪、缺乏情绪意识以及无法找到意义会让我们无法辨别有价值的活动，从而感到无聊。然而，即使我们找到了要做的事，如果我们大脑的反应不够灵敏和活跃，我们依然无法有效地投入其中。

有一种历史悠久的观点，认为保持对外部世界的警觉和反应的内在努力引起了无聊。例如，1913年，芒斯特伯格设计了一系列实验，以找出会引起无聊的性格特征。他的结论是，面对不断重复的相同的事件，有些人会将它们混淆在一起，无法

观察到单个事件。这次他们看到了这个事物，但下一次再看到时依然很难辨认出来。有这种特质的人面对重复性任务的时候最为苦恼，因为这种任务通常需要持续专注于相同的事物（流水线工作或者数据输入都是绝佳案例）。这些任务对他们来说尤为困难。时间的缓慢流动让每时每刻的独特性变得模糊，所有新的事物永远是旧的那一个。

2009年，江阳（音译）及其同事发现，当持续盯着一个图像看时，那些更容易感到无聊的人的大脑前额的神经反应更慢也更不显著，因为无聊使他们很快就习惯了周围的环境。对我们来说，新鲜事物可能很快就会变得不那么新鲜，但对这些人来说，何止是不那么新鲜，简直可以说是乏味至极。基本上，他们需要更多的新奇体验才能保持专注。

为什么有人极易感到无聊？部分原因是他们的神经元很快 41
就会对周围事物失去反应。除了这一点，易无聊的人还面临另一个问题——他们长期感到精神不振。作为对缺乏刺激的补偿，易无聊的人会到处寻找能让自己兴奋起来的东西。这是无聊体验的一个重要组成部分：由于没有足够的能量来充分利用我们的认知资源，我们不可避免地陷入无聊。那些平常就不易兴奋的人本就缺乏刺激，如果他们无法从外部世界获得激励，他们将无法集中全部精力。[30]然而，集中精力不仅仅是保持对外反应活跃和对内精神充盈。与此同时，我们必须拥有足够的认知能力。

那么，认知能力到底是什么呢？诚然，认知能力是一个模糊且宽泛的概念。在本书中，我们的重点是专注以及控制自己注意力的能力，即控制我们的注意力的方向，过滤分心的事情，抑制冲动，记住并思考信息，以及在思考不同事情时灵活切换的能力。控制我们的注意力是一项基本认知技能，它也是我们思维的守门人，能让我们与周遭世界和内心感觉联结起来。注意力控制能力较弱的人有时会觉得任务太过艰难，且难以让大脑专注于当下正在发生的事情。所以，如果说无聊的定义是想
42 要沉浸在一件事中的欲望得不到满足，那么注意力控制能力弱自然也会是导致无聊的原因。

患有神经系统疾病、注意力受损的人经常感到无聊。近期的一项研究发现，对遭受过脑损伤的人来说，无聊是常见的问题，它令人感到涣散。[31]虽然脑损伤患者更容易感到无聊可能有各种各样的原因，比如枯燥的复健疗程、受限的活动范围，但也有可能是因为他们的注意力降低了，这是脑部受伤的直接后果。[32]患有神经系统疾病（比如注意力不集中/多动症或者精神分裂症）的人经常觉得无聊。[33]

注意力和无聊之间的联系也会体现在没有神经系统疾病的人身上。比如，无法集中精力的人也经常感到无聊。[34]长期有注意力问题也许是导致长期无聊的诱因；换句话说，注意力问题和无聊不只是同时出现这么简单，注意力问题似乎是导致无聊的原因。[35]

那些不能有效利用注意力的人也许会发现，他们面临的挑战还有无聊。一方面，无论此刻他们在做什么，都无法吸引他们的注意力，占据他们的头脑。另一方面，他们找不到想做之事，因为知道大多数事情都无法让他们集中精神。简单地讲，他们需要周遭有足够吸引人的事，因为他们自己无法做到专注。所以，有些人只需要一本好书（和阅读这本书的时间）就可以
沉浸其中，而那些容易无聊的人则需要一部情节紧张又刺激的 43
动作片。因此，缺乏注意力，枯竭的注意力首先降低了人的专注力，其次让能做的事情变得不再吸引人，人们因此变得无聊。使我们注意到无聊的另一个因素，一个内在于我们的因素——动机。

据说世界上有两种人：将快乐最大化的人和将痛苦最小化的人。也就是说，有些人致力于寻找下一个令他愉悦的事情，而另一些人则采取过分谨慎的策略，以规避即使最轻微的问题。这两种极端的动机都会让我们感到无聊。

执迷于快乐最大化是不理性的。这些追求无止境的快乐的人总有一天会发现这个世界索然无味。许多事占用我们的时间，单调的生活琐事在等着我们，冗长的工作会议也必须参加。渴求兴奋和快乐无可厚非，但如果这种愿望变得极端，我们就会因为世界并不总是如我所愿而感到无聊。执迷于追求快乐、兴奋和多样性使得人们很难去做当下可做的事，因为可供选择的任务并不总能带来充足的回报。

那么，另一个极端，最小化痛苦，又是如何呢？这一极端的特点是“小心翼翼”，并且与回避行为模式相连，它也许能够避免痛苦，但也限制了我们能够投入的选项。我们已经指出，当我们的心智不被占据时，无聊便会产生。即使最胆小的
44 人也渴望精神上的投入。显然，避免投入这个世界以最小化痛苦与拥抱这个世界以驱赶无聊，这两个愿望是不可能同时实现的——这种不匹配迥然不同于前面讨论的追求享乐之人的情况。[36]

我们小组的研究证实了这两种极端的动机确实会导致无聊。[37]无聊倾向量表上的极端评分表明了这两种想法。看一下无聊倾向量表（广泛应用于无聊相关的研究），你就会发现，那些选择最小化痛苦的人最常感到无聊。再看一下无聊易感性量表（感觉寻求量表的一个子表），你会发现，那些追求兴奋和愉悦的人也最常感到无聊。所以，就动力的类型而言，这两条路都将你引向无聊。

大多数人的动机都是复杂的混合体。我们勤奋苦干一份艰难的活计，可能是因为不错的薪水。我们也可能为了不让伴侣生气，主动捡起我们扔在地上的脏衣服。但有时，我们的动力来自做某事能带来的纯粹的乐趣，即使它并不会带来多好或多坏的结果。仅仅为了挑战自己而去登山，或者仅仅只是想学习一种乐器，而不是想要成为什么摇滚巨星，这两个都是内在动机的例子——行动本身就是回报。与此相对的是，我们的决定

有时会被外在动机影响，比如想要拿到工资或者害怕惹恼伴侣。当我们被内在动机驱动时，我们做某事就是为了它本身。在这个过程中，我们锻炼和发展了自己的技能，满足了想要变得更 45
有能力以及自我主导的需求。[38]

很难想象那些会自发地与这个世界产生联结的人会无聊。你不会经常听到有人说："我真喜欢弹吉他，但是弹的时候好无聊啊！"不幸的是，我们并不十分了解与内在动机相关的个体性格特点。绝大多数研究者把它看作一种状态——而非一种特点。

技能提升和自我主导是内在动机带来的回报，我们知道，被这种回报驱动的人更少感到无聊。[39]他们把各种活动看作发挥他们的认知能力和创造性的机会，而非取得什么具体成果的途径：做事本身才是最重要的。我们也知道，如果对自主性和技能的需求没有得到满足，也就是说当我们无法做自己生活的主人时，我们更容易感到无聊。[40]

但是，自控并不简单。有时，我们的冲动和渴望与别人对我们的期待并不一致。更多时候，我们甚至觉得自己的行为和脑子里想的不一致，这听起来一定很奇怪。自控对与他人和谐共处和实现我们的个人目标而言都至关重要。自控这个词涵盖的范围很广，从在面试过程中坐好而不是晃来晃去，到为了新的职业道路而计划并灵活地执行一份持续多年的学习课程。正如我们所看到的那样，动机会将我们引向完全相反的方向，要么回避问题，要么有所获得。自控指的是找到我们的重中之重，并将其转变成我们能够追求的切实可行的目标。

46 鉴于自控的重要作用，易无聊的人常常也有自控问题这一点可能并不令人惊讶。[41]这个联系是显著的。甚至在排除了年龄（年纪的增长让人变得更加智慧，所以也更加能够自控）和性别（男性比女性更容易无聊）的因素之后，易无聊的倾向和自控能力差之间的联系仍然很强。[42]

“自控”是一个广泛的概念，包括了很多重要的能力。其中之一就是我们说的“自我指导”，它指的是在想做的事情上自如地运用自控能力。这意味着首先要弄清楚我们到底想做什么，然后指挥我们的思想、感觉以及行动，以做成我们想做之事。自我指导能力是一种独特的自控。其他的自控，比如冲动控制（不要在晨会上吃第三个甜甜圈了）和克制力（在面试中不要晃来晃去），与规划和实施计划的关系不大。自我指导在于愿望的实际表达。我们可能怀有和父母搞好关系的想法，但是想要计划和施行类似周末聚会这样的目标，我们需要的是自我指导。

如果无聊正如我们所说的那样根植于无效的、无目的的渴望，那么在理论上，无法自我指导就是无聊的关键原因。长期困于自我指导问题的人更有可能发现自己被那些无效的、无目的的渴望所束缚。自我指导的几个维度的确与无聊的倾向有
47 关。[43]我们小组研究了人们用来实现目标的几种策略。有些人专注于行动和改变——他们相信“尽管做就对了”。另一些人

则专注于系统、全面地评估最佳行动方案——他们信奉“做得不对等于白做”。显然，后者更容易感到无聊。他们可能会陷入在对当前状况的思考中，而不能展开有意思的行动。[44]

与外在环境因素不同，引起无聊的内在原因很好地说明了什么样的人更容易无聊。事实上，由于心理的构造，我们中的一些人似乎注定更常掉入无聊的魔爪。情绪、生理、认知、动机和自控因素都在发挥作用。把这些内因与前文讨论的外因组合起来，你就有了一瓶货真价实的无聊毒药。

条条大路通无聊

说无聊源于外部环境或我们自身都不准确。无聊是因为二者在相互作用。也许，更准确地说，这两个方面都不是无聊的起源。无聊源自我们与世界共处的方式。本章的标题指出了无聊所要求的一种不切实际的乌托邦式的期望——我们能以某种方式创造一个刚刚好的世界，在那里，我们为环境所投入的与环境给我们带来的恰好完美匹配。很显然，这样的事可遇而不可求。但一旦出现严重的不匹配，无聊便悄然而至。

至此，有一点应该已经很明确了——不存在一个引起无聊的单一因素，不论是内在于我们的还是存在于外部环境的。我们也并不是说，必须所有的因素到齐，无聊才能产生。但是，在某一个无聊的时刻，如果我们从空无一物的头脑和欲望的迷 48

局开始追溯，我们在源头上总会发现一个或几个罪魁祸首。

无论如何，无聊的多种原因通过阻止我们投入某事而发挥作用，这样一来就使得我们无法成为自己生活的主人——成为有效的施动者。无聊的诱因阻碍了我们的能动性，从根本上看，无聊就是能动性危机。一只漂浮在海上、被潮水推来推去的软木塞并不是施动者。逆流划船、想要靠岸的渔人才是施动者。软木塞并不能决定自身的运动，而渔人可以。[45]软木塞没有意图，而渔人有上岸的目标。无聊来临时，就是在告诉我们，我们已变成了一只软木塞。控制我们的思想，选择专注的事物，然后成功地把我们的认知能力投入所选择的任务上，这才是能动性的基础。如果想要改变无聊的状态，夺回我们的能动性是关键所在。我们不能继续做一只软木塞，而要变成那个渔人。无聊是对行动的召唤。[46]

第三章

改变的动力

· · ·

孩子们玩闹着。在一个美好的春日，成百上千人拥向密 49
歇根湖畔——天空蔚蓝，微风轻拂，美好未来就在眼前。这是1933年，芝加哥活力四射，正在庆祝“一个世纪的进步！”。[1]

你踱着步，经过五彩缤纷的展馆和其中令人惊叹的展品。小矮人的小人国，来自地球各个角落的奇异的野生动物，恒温箱里的婴儿，还有未来的汽车！你的孩子拽着你走向那个最为奇异的展馆——雷普利信不信由你奇趣博物馆！

在门口迎宾的是个相貌平平的家伙——和你差不多高，短发修得齐整，穿着白色马裤，一条黑色铜扣皮带紧紧地系在腰间。主持人身穿燕尾服，头戴高帽，拿着手杖，增添了几分马戏团的趣味。他用低沉的声音说：“女士们先生们，请注意，

[1] 这里指的是1933—1934年美国芝加哥举办的世博会，主题为“一个世纪的进步！”，意在展示芝加哥建立一百年来所取得的科技进步。

接下来的东西可不适合胆小鬼。无痛人亚瑟·普卢姆霍夫先生！”[1]底下的观众顿时被吸引了。“一个拥有超凡力量的平凡男人。诸位请看，皮肉一次次地被刺穿，他却毫不退缩！”

普卢姆霍夫像个街头打手一样向前走着，一声不吭地拿起一根五英寸长的针。他微微下蹲，眼睛一眨不眨地瞪着，缓缓
50 张开了嘴。这可不是惊讶的表情，更像是恐惧。观众席一片寂静。普卢姆霍夫动作夸张地将那根针从一边脸颊穿过，从他大张着的口中，那根针清晰可见。接着，针又穿过普卢姆霍夫的另一边脸颊。

观众倒吸了一口冷气，震惊又害怕。你的大儿子深深地被吸引，身体从椅子上往前探。小儿子早在针穿过脸颊之前就躲进你怀里，双眼紧闭。你在心里想：“怎么可能？这个人怎么能受得了这种痛？”

· · ·

普卢姆霍夫被称为“人肉针垫”，他感觉不到疼痛，一生都在马戏团工作。20世纪30年代，医学期刊首次发表了科学家们对他进行的研究。[2]他的问题——先天性痛觉缺失——清楚地凸显了疼痛的功能：警告我们要采取行动。

要知道，疼痛的目的不是**引起**伤害。疼痛的**功能**是向我们发出信号：需要行动了。不论是碰到火之后的缩手反射或者因菜刀误伤而缩回的手，还是像头疼时吃止痛药这样更深思熟虑

的行为，疼痛都意味一种要做点什么来补救痛感的需要。

这种对疼痛功能的描述并不新鲜。很早之前，人们就知道疼痛会打断我们的思路，驱使我们为了躲避疼痛而采取行动。疼痛会中断我们当前的目标，这种中断反过来会催生一种冲动，促使我们恢复在疼痛之前就已经开始的行动。[3]对于身体疼痛来说，身体组织的伤口是疼痛的来源，这种情况还相对简单。但是那种我们认为与无聊紧密相关的心理压力呢？

有一种理论认为，包括心理疼痛在内的一切疼痛，都会释 51
放一种自我调节的信号。[4]身体上的疼痛会引起自动反应，比如
手碰到火就会缩回，而心理上的不适状态，例如悲伤和无聊，
可能会引起更复杂的反应。失去所爱之人所引发的悲痛之感会
激发许多种反应，从想要一个人待着，到积极地从别人身上寻
找安慰。无论我们如何应对压力，原理都是一样的——身体或
者心理疼痛暗示我们应采取行动的信号。我们认为，无聊的信 52
号也可以这么理解。

让我们想象一个办公室职员的寻常一天。也许这一天开始时，职员满怀热情，充满期待，全身心地投入了手头的工作。但难以想象一个人可以一直保持活力充沛。这位职员必须努力抵抗走神，处理其他身体信号，比如咕噜咕噜响的肚子，它暗示她饭点到了。有时，即便她努力想要做到专心致志，也难免会三心二意。随着时间的流逝，手上的事情比预期要花更多的时间，她开始坐立难安。[5]她拉开椅子，伸展四肢，深吸一口

气，接着又埋头苦干。不久后，她开始检查邮箱，清理垃圾邮件，又在座位上晃来晃去。只要视线一移开屏幕，她就开始神游。这些片段暗示着无聊正在潜伏，因为她试图找些别的事来消磨时间，但无聊的信号还不够强，以至于她还没意识到自己已经无聊了！终于完成了工作，但是她很不满意。她刷着社交网络，看见她的朋友鲍勃今天出去吃午饭了，接着又注意到谢里尔转发了一篇否认气候变化的文章，就这样，她陷入了资讯的兔子洞。那篇气候变化的文章又让她注意到另一篇写一个知名政客如何失态的文章，然后又看到一篇关于多伦多动物园收到赠送的大熊猫的文章，最后她又刷到体育版，看到对本地球队最新失利的一篇沮丧回顾。每时每刻，她都感到无所事事，无从满足。无聊的信号告诉她：快别这样了，刷社交网络并不
53 能让你满足，做点别的吧！她之所以无所事事有很多原因——时间的无情流逝（做一件事情越久就越觉得无趣）或者一种被困住的感觉（有任务在身却不想去做）都会让无聊的警报拉响。不论出于什么原因，无聊的信号已明确指出，她缺乏投入感。

把无聊理解为一种呼唤行动的信号，这使我们做出了一个重要的区分，即区分**投入**和**意义**，之后我们会经常提到这个区分。虽然大家不太愿意承认，但大多数人都能想到有些事虽然意义重大（比方说陪我们的孩子玩耍），却也无聊透顶。小孩子似乎特别热衷于讲猜猜我是谁之类的无厘头笑话。另一方面，你也可以想到这样的一些事：虽然一般来说你不会觉得特

别有意义，但你能全神贯注地投入其中。比如，你可能会沉浸在一集又一集内容空洞的电视剧里，但事后又会觉得那纯粹是浪费时间。这样看来，无聊的信号与我们所做之事的内容关系不大，这个信号想要告诉我们的是，我们没有完全投入我们正在做的事情中。如果不玩猜猜我是谁的游戏，而是观看一场拳击比赛，或许就能避免无聊。

思考无聊的信号的另一个思路是，问问你自己，不无聊的生活会是怎么样。我们可能渴望不无聊的生活，但仔细思考一番之后，你会发现这并不现实。不无聊的生活可能充满冷漠和迟钝。乍看之下，不无聊的生活导致冷漠这个想法很不可思议，因为无聊和冷漠简直就是一回事。的确，这两种感觉都表现为一种无所事事的状态。但这两种心理状态是完全不同的，或者 54
说会带来不同的感受。冷漠的人没有想要找些什么事做的压力。顾名思义，冷漠就是没有任何欲望，甚至懒得去解决缺乏挑战这样的问题——冷漠的人没有任何动力，电视迷就是典型。对无聊的人来说，情况就大不一样了。他们对自己想要参与某事的强烈愿望十分敏锐，当这种愿望落空时，他们会感到不安。[6] 如同疼痛，无聊鞭策我们采取行动，来纠正无所事事的负面影响。如果没有这种动力，我们的生活可能不会无聊，但极端来讲这种生活也变得无所追求了。

同样，没有痛苦的人生似乎是我们所有人都渴望的。然而，对刚刚提到的“人肉针垫”普卢姆霍夫来说，这意味着生活充满了不经意的自我伤害。也许，从抽象的角度来看，不无聊的生活很有吸引力，但这可能会导致完全的停滞不前和某种程度上的无所作为，最终对个人和社会都是有害的。如果我们不利用自己的技能和天赋来实现目标，我们的存在将是短暂的。想象一下，如果我们的祖先满足于现状，并不想要取得精神上的满足，而是在篝火旁闲逛（假设他们首先有取得火种这个动力），没有探索、创造和求知的动力，那我们现在会是什么样子。毫无疑问，这就是一事无成、匆匆而过的人生的模板。和疼痛一样，无聊是一个重要信号，它告诉我们需要行动起来，才能实现我们的全部潜力。

如果我们能够**适当地**响应，无聊这个信号就会发挥应有的
55 功用。你可能准确地捕捉到了这个信号，但你下一步如何行动才是关键所在。你可以选择投入一些毫无裨益的行动——窝在你朋友家的16平方米的地下室里刷手机，或者在酒吧里放纵自己多喝几杯。或者你也可以选择更能让你有效投入的活动：出去跑个步，读本新书，拿起吉他弹个经典小曲。不幸的是，一次又一次，无聊总是和那些不良选择联系在一起，包括不断增加的冲动和上瘾。[7]对无聊信号的适当回应需要调用自我调节机制，以选择更能使人投入的事情，并避免潜在的干扰（换句话说，在午餐之前都别刷社交网络）。向干扰屈服和自制力下降是无聊将拉长的预兆。长期选择不良的无聊补救策略（从窝在沙发里刷手机到沉迷于社交网络）是不可能阻止无聊的入侵的，

即使这些行为能短暂地缓解无聊的症状。

无聊可能是暂时的状态，也可能是长期的性格。[8]我们或许都认识一些声称自己从来不无聊的人。他们甚至可能会说："只有那些无聊的人才会感到无聊！"如果真有这种从不被无聊所困的人，那可能是因为他们更善于在无聊变得更持久之前迅速回应这个信号。由此可见，只有当无聊变得频繁且我们对它的回应不良或者无效时，它才是个问题。[9]无聊作为一个短暂的状态，是令人厌恶且具有破坏性的，但在很多情况下它是相对容易补救的。也许，在领会到无聊即将到来的信号之后，那位办公室职员立刻开启她早就在做的项目之二，瞬间就挽救了这个工作日。或者，她会被鲍勃在社交网络上分享的美食吸引 56
住。无法适当地回应无聊的信号也许和频繁地感到无聊并且难以从中抽身相关。[10]那些一直没有对无聊信号做出有效反应的人，可能也会很难选出一个适当的吸引人的新目标。不能迅速地选定目标——你能适应的目标或其他目标——很可能会让人承受漫长的、令人十分不满的无聊。内容和过程的区分在这里依然很重要。无聊的信号本身并不能帮我们弄清楚下一步需要做什么，或者为什么现在做得还不够。决定什么可能是更加有趣、有意义或让人满足的，这或许取决于和动力、奖励、学习及过往有关的复杂的心理过程。无聊不是自身的答案，它只是拉响警报。

负面情绪通常告诉我们周遭环境中有些事物值得注意。比如，路上出现一条蛇，或者一个怒气冲冲的人正在向我们冲来，都是需要我们做出反应的重要事件。我们认为，无聊也是如此。恐惧和疼痛表明我们需要做出回应——路上的蛇让我们停住脚步，迫使我们迅速找到一条安全的逃跑路线，而无聊表明我们缺少了什么东西：一种投入感。但人们是如何觉察到这种缺失的，这是个复杂的问题。也许对有些人来说，无聊是伴随着身体感觉开始的，比如坐立难安，来回踱步，消耗多余的精力。对另一些人来说，无聊可能没有明显的生理特征，但可能引发一种心理需求，这种需求说不清道不明，但它归根结底
57 源于一种潜能被无故浪费的感觉。无论如何，缺乏投入是迫在眉睫的挑战。我感到无聊了，现在该怎么办？

由此可见，无聊并不是完全负面的。[11]虽然它是一种负面的感觉，但是至少在两个方面可以被看成是积极的信号。首先，它告诉我们目前正在做的事已经不再吸引人了，它提醒我们寻找新目标。它甚至可能会提醒我们有不同的、也许更好的目标值得我们奋斗。路易斯安那大学哲学教授安德烈亚斯·埃尔皮德罗把无聊的信号形容为“推动力”。像疼痛驱使我们保护自己那样，无聊促使我们寻找更具有挑战性且更吸引人的新目标并投入其中。

如果没有无聊的可能，也就没有了将我们的认知能力付诸实践的动力，我们可能轻易就浪费了才能，也意识不到自己的
58 潜力。让我们来对比下面两个例子中的两位主人公——18世纪

早期的一个门阀操作员和20世纪中期的一个病恹恹的少女，我们就会知道想要在精神上投入某事的渴望有多重要了。

可怜的老汉弗莱·波特的工作是在正确的时间点反复开关阀门，以此操作纽科门蒸汽机。[12]单调乏味都不足以概括这份工作。汉弗莱讨厌这个任务。就算按照1713年的标准，他这工作也够无聊的。等待一个好的时机，打开阀门A，等待下一个时机，关掉阀门B。涂肥皂，冲洗，如此往复。汉弗莱觉得无聊不安。他知道一定有更好的处理方式。的确，不像他那循规蹈矩的同事，汉弗莱内心原始的无聊驱动他去寻找解决方案。他意识到自己作为一个理性、果断且感觉敏锐的人，做这份工作实在是大材小用了。他注意到，只有当机器运转到特定位置时，阀门才会被打开。所以汉弗莱决心发明一种绳索装置，能够一劳永逸地代替他开关阀门。啊哈，他成功了！无聊的工作终于结束，汉弗莱现在可以启动机关，让它代替自己工作，自己则能陪孩子玩耍。面临极度无聊的汉弗莱，发明了制动片，为蒸汽机的发展做出了巨大的贡献。他把这个装置命名为“溜索”，“溜”这个词甚至变成了18世纪“旷工”的代名词。

让我们快进到两百年后，看看第二个例子。埃尔茜·尼克斯（Elsie Nicks），她简直就是汉弗莱的反面。埃尔茜有头疼的毛病很多年了，以至于她都不记得患上这种病到底有多久了。头疼剧烈的她只得服用医生开的吗啡来止痛。但是情况越来越 59
糟。1941年时，正值花季的她开始不断“发作”。[13]她总是昏昏欲睡，对什么事都提不起兴趣。她偶尔才会开口说话，说话也只是一个字一个字地往外蹦。虽然其他青少年也在扮酷装冷漠，却不像她那样离群索居。埃尔茜最终失去了行动的能力。这不是指精神分裂或者瘫痪——她就是失去了生活的动力。埃尔茜的案例是个医学难题。这是二十年前几乎杀死一百万人的传染病昏睡性脑炎吗？[14]后来，她的澳大利亚医生休·凯恩斯（Hugh Cairns）发现了罪魁祸首——埃尔茜大脑里的一个囊肿让她失去了活力。引流脓液之后，埃尔茜的行为短暂恢复了正常。最终，凯恩斯不得不摘除整个囊肿，埃尔茜才恢复了行为能力，她终于能够跟随自己的愿望、渴望和欲望行事了。凯恩斯将这种疾病命名为“无动性缄默症”。

汉弗莱和埃尔茜的故事都反映出无聊的一个基本方面，也就是说，无聊是对我们心怀渴望这个事实的一种表达，而渴望对于在这个世界好好生存非常重要。汉弗莱致力于向着吸引他的事情努力，并且最大化地发挥了自己的才能。正因如此，当面对开关阀门这样的工作时，他感受到了无聊的重压。无聊驱使他去寻找更好的解决方案。而埃尔茜则缺乏采取任何行动的能力。[15]正因如此，当她只能坐上几个小时无事可做时，她并未感到无聊。事实上，她甚至不会感到不满，因为她并不想做任何事。简而言之，患有无动性缄默症的人完全无法做出任何自发行为。这种疾病被定义为无法建立和保持欲望。[16]从根本
60 上说，埃尔茜就像机器人——只能别人告诉她怎么做，而她对

自己的身体没有自主权。如果他人也不发号施令，埃尔茜就会心满意足地呆坐很久。这种冷漠在很多方面是无聊的反面。冷漠的人对世界漠不关心，而无聊的人则对世界关切过度。事实上，让我们深受折磨的正是想要做些什么的愿望，让我们无聊的正是这种迫切的愿望得不到满足。

如果没有形成行动意图的能力，没有投入的动力，我们也会缺乏体验无聊的能力。我们可以认为，因为无法产生任何欲望而成为一个从来不会无聊的人，这简直就是一种“皮洛士”式的得不偿失的胜利。[17]皮洛士是古希腊一名将军，他曾哀叹自己虽然打赢了与罗马人的战争，但损失太过惨重，以至于说到底算不上什么胜利。也许无欲无求能让我们免受无聊的煎熬（相当于打了一场胜仗），但最终这也阻止我们有效地投入这个世界（就像皮洛士那样，相当于输掉了战役）。往低了说，欲望可以被视作生理驱动——驱使我们保护自己的生命和家族的未来。没有欲望的人相当于站在了死亡的边缘。往高了说，欲望代表了人类奋斗的历程，所以我们才能不断为了美好生活而努力，就像汉弗莱为了不再做单调的工作而发明制动片那样。相比之下，埃尔茜甚至无法接住一颗掉下桌子的糖，更不可能为了逃开乏味的工作而发明一个具有变革性的装置。

这是一把双刃剑。有能力产生欲望、意图和计划使我们面
临无聊的风险，但是没有他们，无论是作为个体还是社会，我 61
们不会具有创新精神并取得发展。汉弗莱对无聊的解决方案是

发明一个机器——将他从繁重的工作中解脱出来，同时也让蒸汽机得到改进。像汉弗莱发明的制动片那样的机器并不害怕工作的单调。机器、电脑以及自动装置可以一直进行重复性的工作而没有任何怨言。从某种意义上说，人类的优势在于我们拥有无聊的可能性，而从我们的角度来看，机器的优越性恰恰在于它们不会感到无聊。不会无聊的机器正是被无聊所困的人类的一项伟大发明，这些机器也在我们的社会中发挥了重大作用。但讽刺的是，我们期待机器做得更多。我们期望机器能够变得智能，而人工智能就完全是另一回事了。

想想你的电脑，它可能拥有强大的计算能力，但不会有人说电脑差不多快具备人类智能或者具有适应性行为的能力了。它连冲咖啡这样简单的小事都做不到。如果我们真的想创造能够创新并可以解决广泛而非特定问题的人工智能，那我们就得把它设计得更像汉弗莱——让它也能感到无聊。为了使机器智能，我们必须让它们拥有逃避单调工作、避免计算能力被浪费的动力。人类的进化似乎早就发现了这一点，而人工智能研究人员才刚刚起步。在考察了人工智能研究人员正在做的事——让机器具备无聊的倾向以变得智能——之后，我们发现了强有力的证据来支持我们的观点：无聊是一种功能性、适应性的信号。

62 有必要说明的一点是，一些哲学家和研究人员认为，心理状态（例如无聊）的定义应该基于人们所做的具体的事情，而不是他们的感觉或头脑中的想法——“无聊的人做无聊的事”就是这个流派的观点。这类功能主义者可能认为人工智能实际上会感到无聊，但这不是我们的研究思路。[18]相反，我们坚持在第一章里所讨论的，将无聊定义为一种感觉及产生这种感觉的潜在的心理机制。在此，我们的目标是描述无聊的功能，而非提供一种定义无聊的新方式。所以，当我们说人工智能要想实现，就必须拥有感到无聊的能力时，我们的意思是，机器也必须体验到一种状态，这种状态所起的作用与无聊这种感觉在我们的生活中所起的作用是一样的。我们并不确定机器实际上感觉到了什么，甚至不确定它们是否有能力感受到与人类相似的心理状态。但是，这并不仅仅是拟人化的问题。相反，我们对人工智能的无聊的探索将加深我们对无聊的功能的理解，同时验证我们的想法：人类的无聊具有适应性。

有一台机器被取名为“天命”（Kismet），这台迷人的机器就是个好例子。同汉弗莱一样，Kismet有我们所谓的欲望，所以它既聪明，又容易感到无聊。麻省理工学院教授辛西娅·布雷齐尔（Cynthia Breazeal）创造了Kismet，这是一个旨在实现复杂的、拟人化社交的人工智能系统。[19]依据关于人脸表情和自闭症社交障碍的研究，布雷齐尔发明的Kismet本质上是个能够做出表情来和人类互动的人脸机器人。

布雷齐尔明白意图对于让机器拥有智能和自主行为能力的 63
重要性，所以她赋予了Kismet三个基本动力。Kismet想要社交、玩耍、休息。Kismet想要社交的动力使得它能够主动寻找人类伙伴，并与之互动。Kismet想要玩耍的动力驱使它寻找玩具，和玩具互动。Kismet想要休息的动力让它能够安静下来，当它独自一人时，它会睡觉。可以这样说，Kismet的每个动力都明确了一系列需求，Kismet则积极地满足这些需求。但是，就像我们之前所说的金发姑娘地带那样，只有当每样东西都"刚刚好"，既不多也不少的时候，Kismet才会良好运作。维持"刚刚好"的量这个观念也就是生物学家所说的内稳态。所有生物都尝试将自身机能调节到最佳状态。比如，我们的身体努力地维持着核心体温[1]的稳定，这就是维系我们健康的金发姑娘地带。如果我们的核心体温上升或下降太多，那就会有大麻烦了。相似地，Kismet也有内稳态调节程序，以维持社交、玩耍和休息的刚刚好的量。

让我们进一步看看Kismet的社交动力，就会明白它是如何工作的。每年圣诞节，我们都会躲着某个亲戚对吧？如果你身边就站着个不请自来而且喋喋不休的阿姨，你当然想躲得远远的，或许装作去上厕所。如果Kismet碰到这种烦人的阿姨，它也会有类似的反应。Kismet将转移目光，试图中断对话。事实上，碰到这种阿姨，Kismet完全无法招架，它的社交指标正在急速上升。另一方面，我们知道，在寒冷的深冬，被关在家里

[1] 核心体温，指人体内部（体腔）的温度，而非体表温度。

好几天都没人说话是什么感觉——快要被闷出病了。也许你会 64
不顾一切地打电话给你的阿姨！社交太少就会这样。在这种情况下，Kismet社交的动力上升到紧急状态。这时，它的社交指标太低，所以它会拼命地吸引每个在场的人的注意，来表达交流的需求。所以，过多或过少的社交都会让Kismet的动力变得更加急迫，因为它的社交指标偏离了刚刚好的量。动力强度的改变与不同的情绪有关。“刚刚好”是舒服的。太多就有压力，太少则会无聊。Kismet的社交**愿望**让它能感受到无聊。满足自身需求的渴望为激活Kismet内心的无聊提供了条件。无聊的状态则促使Kismet探索周围有没有能够让它满足自身需求的事物。

婴儿来到这个世界，满怀着探索和影响周围环境的动力。这种动力被证明是成长的关键基础。没有它，学习不会发生。实际上，可以这样说，人类实现智能的方式在于对周围事物的探索。与探索世界是人类发展的基础这个说法一致的是艾伦·图灵提出的一个想法：通过模拟孩子的思维来创造人工智能。[20]皮埃尔-伊夫·乌德耶指出，图灵观点的关键在于，人工智能专家应该解决的问题是机器人**为什么**会学习，而不是人工智能**如何**学习。也就是说，我们需要赋予机器人探索和控制环境的欲望，这反过来会促进职能的发展。这正是乌德耶和他
的同事一直在做的——设计一种能够自发地研究周围环境的机 65
器人。他把这些机器人放在可供探索和改造的环境中，然后便

放手。乌德耶观察这些机器人如何通过与环境的交互来获得提升。他也发现，如果环境高度类似且缺乏新的投入和学习的机会，这些机器人就会无聊。再一次，我们看到，无聊是人类和机器人为了实现智能而不得不付出的代价。由此可见，无聊和动力密不可分。

雅克·皮特哈（Jacques Pitrat）通过和CAIA的合作意识到人工智能系统必须具有感到无聊的能力。[21]CAIA，也即研究人工智能的人工智能，它既是皮特哈的作品，也是他的助手。皮特哈十分聪明，他决定通过创造一个人工智能研究者来研究人工智能。皮特哈倾注了三十年时光来做这件事，CAIA不负所望。作为回报，皮特哈可以观察CAIA的活动，并从中学习。皮特哈的终极目标是创造一个完全自主的人工智能科学家。为了实现这个目标，皮特哈赋予了CAIA自我观察和自我评价的功能。拥有了自我观察能力的CAIA不仅知道自己在做什么，也了解了它在解决问题的过程中成功或失败的原因。而自我评价能力让CAIA能确定问题的优先顺序，决定问题是否值得被解决，并且考虑它的解决方案是否有用。将这些能力结合起来，CAIA能够从低效的计算循环中解脱出来。本质上，就像汉弗
66 莱一样，CAIA自发地避免浪费自己的资源——因此，你可以说，CAIA是在试图避免无聊。[22]

不幸的是，就像那些求着父母解闷的可怜孩子，除了罢工和抱怨，CAIA对自己的无聊无可奈何。CAIA发出无聊的

信号，然后等待皮特哈介入，解决它的无聊。反过来，研究CAIA为何以及何时感到无聊，这为皮特哈创造更好的人工智能系统提供了关键思路。也许最终会有一天，CAIA能够通过创新，通过像汉弗莱一样发明一种制动，来自己解决自己的无聊。

而Kismet有一个能够减轻无聊的粗糙机制。Kismet缓解无聊的能力的关键之处在于，它的程序中包含一个叫作“对同一件事感到厌恶和厌烦”（也就是习惯性）的设计。如果Kismet困在了重复的同一件事中，这个设计会让它的注意力得到转移。同汉弗莱和CAIA一样，Kismet知道什么时候该放弃。布雷齐尔实验室的负责人罗德尼·布鲁克斯（Rodney Brooks）把这一设计命名为“史蒂夫·斯皮尔伯格纪念碑”，来纪念斯皮尔伯格的电影《人工智能》里那个盯着一个雕像静坐了两千年的机器人。布鲁克斯和布雷齐尔想要确保Kismet不会犯同样的错误，所以他们赋予了Kismet感到无聊的能力。

当事情一成不变时，无聊就会出现，而Kismet被设计为能够对此做出回应。可是，如果环境变化无常——这是另一个极端——无聊也会出现。一个变化无常的环境太过混乱和嘈杂，以至于我们无法理解，最终我们也会失去兴趣，变得无聊。[23]这对人工智能专家来说也是个问题。在一项旨在使人工智能代理（AI agents）具有好奇心的驱动力的研究中，一个人工智能 67
代理正在学习如何走出一个虚拟迷宫，研究人员发现，如果把一个不断变换内容的虚拟电视屏投映在墙上，人工智能代理就会卡在迷宫里走不出来。[24]屏幕上的每一个图像都是新的，满足了人工智能代理的好奇心。显然，无论对人类还是人工智能来讲，一直卡在一个地方都称不上有适应性，尤其是当我们的目标就是探索并学习如何走出迷宫时。有趣的是，在其他算法研究中，无聊被证明比好奇心更胜一筹，更能驱动探索行为。研究人员创造了两个类型不同的人工智能代理，一个被无聊驱动，另一个则被好奇心驱动，前者的学习能力更好。这样的结果并不是说好奇心不能驱动探索和学习。[25]但是无聊的人工智能代理不会被变换内容的电视屏诱惑，它会对这些无意义的噪声感到厌倦，然后走开，继续探索迷宫，而另一旁，好奇的人工智能代理则会被这个愚蠢的屏幕深深吸引，迈不开腿。

CAIA和Kismet会感到无聊，并且放弃。在其饱受争议的著作《放手：一本教你何时放弃（以及何时坚持）的小书》中，塞思·戈丁（Seth Godin）强调了他所说的“战略性放弃”以免白费力气的价值所在。[26]与那句有名的谚语“胜者永不放弃，弃者永不胜利”不同的是，戈丁认为，胜者不但放弃，而且知道什么时候该放弃——在所有资源都用尽之前——而这其实是个宝贵技能。在这个意义上，无聊——改变的动力——是我们的伙伴，它促使我们寻找新的目标。埃尔茜缺乏这种动力，汉弗莱有，聪明的人工智能也快要有了。我们不应该急于寻求一个不无聊的人生——问问“人肉针垫”普卢姆霍夫先生，你就会知道失去痛觉是什么滋味了。

任何形式的疼痛——不论是身体或心理上的——都不好 68
受；我们不喜欢疼痛，想要尽快远离它。无聊也是如此，它带来的最迫切的信号就是赶快摆脱这个糟糕的感觉。所以，做出改变的确是一件好事。无所事事对任何人都无益。然而，关键问题是：我们**应该**做什么？无聊无法直接给出答案。也许我们应该为了手上的工作加倍努力，以期达到专注的状态。也许我们应该尝试做些别的事。然后呢？无聊是如此不可忍受，它驱使我们选择身边最快、最容易、最舒服的方案，虽然这个方案长期来看并不是最优选择，这就加剧了问题的严重性。所以，为了听到“摆脱这个糟糕的感觉”这一信号更深层的信息，为了对这一召唤行动的动机做出适当的反应，我们必须将上一章提到的无聊的诱因牢记在心。否则，我们将不幸地反复试错，无奈地认定找到的解决方案只能救我们一时。

在最深的层面，无聊告诉我们，我们正在浪费自己的才华，我们没有与世界连接，发挥自己的能动性，或者，如罗伯特·怀特所言，没有满足表现和发展自己能力的需求。[27]所以，当我们无聊时，我们收到的信息并不仅仅是要我们尽快摆脱这种不适感，而是要我们找到一个与世界连接的更好的方式，以表达我们的愿望，施展我们的能力。为了让无聊对行动的召唤发挥作用，我们必须牢记，在改变这个动力背后，无聊最终的
驱动力在于让我们变成控制自身选择的施动者。归根结底，无 69

聊是不会放过我们的，直到我们承担起自己的代理权，发现自己的愿望，并培养与世界的互动。

但这很难。在无聊袭来之时，我们会觉得自己似乎失去了控制，能做的只有唉声叹气。然而，正是这样的时刻最需要我们重拾我们的能动性，而不是把自己仅仅当成一个容器，等着被灌满、被刺激、被抚慰。成为一个施动者需要努力。我们每天都要采取行动，培养自身和身边其他人的能动性。我们还要保持警惕，因为扼杀我们能动性的力量会随着时间而发生转变。在人生的不同阶段，无聊的诱因也在不断变换。

第四章

人生阶段

· · ·

已经是这个月的第三次作案了，连超市保安都见怪不怪 70
了。又是那个女人，她正坐在经理的办公室里，衣服皱巴巴的，看起来孤苦伶仃。她偷的东西令人匪夷所思。有一次是一个吸奶器和婴儿衣服，但她看起来一点也不像是怀孕的样子。这一次她又顺走了一双至少大她两个号的靴子。保安原以为这种顺手牵羊的事儿是青少年干的——那才是常态。毕竟孩子们拥有的时间多到他们都不知道该干点儿什么。但是这个女人，琼，已经76岁，都做曾祖母了！

“琼，就回答我一个问题好吗？”行窃事件发生过太多次，他俩都成了熟人了，“你为什么这么做？”

这个已经退休领养老金的女人抬头看着他，脸上挂着一种介于厌恶和无聊之间的神情。

“你知道变老是什么感觉吗？我很无聊，没什么事可做。就这样。”

这就结了，保安心想，这跟那些偷糖果的孩子是一回事。[1]她偷东西，是因为她需要找点事做。

· · ·

71 孩子和老年人手里都有大把时间，却又不知道该怎么用，这让他们深感不安。作为人类，我们生活的目的不是在放学后花上半天在商场闲逛，也不是退休后整日窝在家里看秀煲剧。无聊就像立在生命之旅两端的书挡，从年幼到年老，提醒着我们，我们需要更多东西。

迄今为止，就被试的年龄而言，有关无聊的研究的视角仍然比较狭隘。最常见的年龄群体是17～22岁的本科生，他们是这些研究的重点关注对象。[2]在这个群体中，无聊的倾向随年龄递减。但这意味着年纪越大我们就越不无聊吗？还是说，无聊也有周期波动？是否有些变量能够预测我们日后的无聊程度？年老时的无聊和年幼时的无聊是出自同一种原因吗？

最早有关无聊的跨代研究之一实际上研究的是无聊的反面——好奇心。伦纳德·詹布拉（Leonard Giambra）及其同事来自巴尔的摩的国家老龄化研究院，他们研究了人一生中好奇心和刺激寻求的变化情况。他的团队也研究了被试感到无聊的倾向，毕竟这与好奇心和刺激寻求这些体验是必然相关的。[3]与我们小组以及其他研究者一样，詹布拉的团队发现，从青春期后期到成年早期这一时间区间内，无聊倾向呈现递减趋势。但他们进一步发现，在20岁出头之后，无聊倾向还在持续降低，一直到50岁时（图4.1）。然而，60岁之后，无聊倾向重新递增，女性群体表现尤为明显。

无聊倾向和年龄之间变化关系引出一个有趣的问题：无聊在生命周期中的有特定原因吗？我们发现，从青春期后期到成年早期的这个时期中，无聊倾向的降低伴随着大脑神经发育的最终阶段。这也许是我们观察到的无聊倾向变化的原因之一。也就是说，随着大脑前额叶逐渐成形，无聊的倾向也下降了。 72

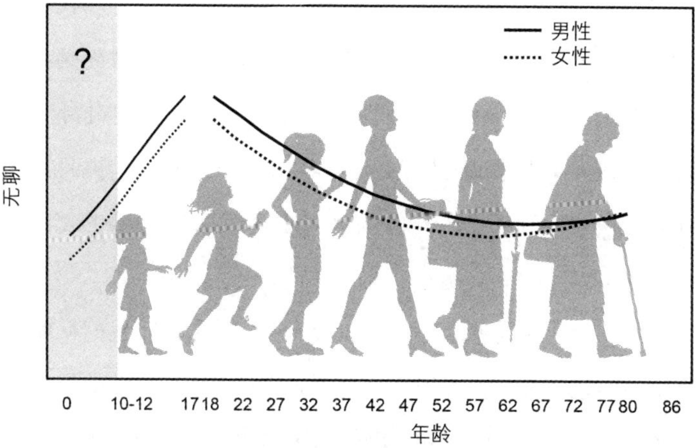

图4.1　这张图的数据来自詹布拉及其同事在1992年做的一项调查，以及一些年龄跨度较小（从10~12岁到17岁）的调查。詹布拉的研究数据显示，年龄和无聊倾向呈平方关系，无聊倾向从青春期后期开始降低，到60岁中后期开始上升。其中，10~17岁这个年龄段呈现无聊倾向的上升已经被详细研究了，但老年人的无聊鲜少得到关注。同时，我们对不到10岁的孩子的无聊倾向也近乎一无所知（有问号标记的灰色区域）。

73 老年期无聊倾向的上升可能也跟前额叶有关——前额叶的功能水平随着年龄增长而下降。

生活上的改变也可能解释年龄和无聊倾向之间的联系。就在前额叶发育完成的时期，这些年轻人也因为成年而被赋予了一系列权利、责任和自由。[4]开车、投票、参军、饮酒，这些都意味着我们的生活环境发生改变，我们与环境互动的能力也发生了改变，这种改变激发我们更具能动性，降低了感到无聊的可能性。我们能够自主决定的机会变多了，我们要做的事变多了，无聊也就偃旗息鼓了。那么，中年时期呢？我们又将面临一套不同的责任，它们将无聊从生活中赶走。我们需要操心事业、伴侣、孩子还有贷款，也许根本来不及无聊。退休将我们的这些责任解除了，但如果环境或者我们自身的生理和心理限制使得我们无法充分利用我们的能力，我们就会面临无所事事和孤立疏离的风险（见第六章），无聊也会再次袭来。

关于无聊倾向的水平随着年龄而变化的原因，我们目前基本上只能依赖推测，因为这方面的研究还很少，这多少有些让人意外，因为针对年龄和无聊的非正式的观察其实已经有些日子了。我们只是不确定是什么生理或社会因素在不同层面上影响不同年龄段的无聊倾向。有一些研究关注青少年群体中的社
74 会因素的影响，尤其是一些特定环境（比如教育背景）或者人口统计学特征（比如城市背景或乡村背景）。但也仅此而已了。

尚未有研究涉及更广泛的文化差异问题。西方文化的个人主义和东方的集体主义之间的显著差异，是否意味着东西方的无聊在不同年龄段的表现也不同？甚至，一些更加细微的文化差异，比如美国和加拿大之间的差异，可能会影响我们如何感知和回应无聊。显然，我们要做的还有很多。

“我太无聊了！”

据说所有父母都有类似的经历，孩子央求着让他们陪着解闷。大多数人可能直接无视小孩的无聊，把这当作**他们的**问题。根据我们对无聊的描述，把无聊当作小事和建议孩子做些别的事来驱赶无聊显然错过了重点——无聊不是因为无事可做，或者没有动力参与到一件事中。正相反，无聊的孩子知道这个世界上有很多事情可以做，显然也想要做些什么来满足自己。让他们苦恼的是“如何做”。他们要求我们帮他们解决问题，这可能恰恰反映了他们的真实处境。作为他们的父母，我们控制了他们的大部分世界，那么，当然也包括无聊的这个部分吧？不幸的是，当他们感到无聊时，我们可能倾向于忽视他们的感受。研究表明，只有当我们认为孩子哭泣是因为生病时，由催产素这种荷尔蒙引发的同情心才会上升。当我们认为他们号啕大哭是由于无聊时，催产素水平不会变化，我们不为所动。[5]因此，无聊的孩子被抛在一边，他们只能自己解决问 75

题——长远来看，这可能真的对每个人都是最好的。[6]

童年时期的无聊不仅被父母习惯性地忽视，长期以来也不被研究人员所重视。由于所有探索无聊的阶段性变化的研究都存在方法设计上的缺陷，理解童年时期的无聊，实际上也包括理解各个年龄段的无聊，都受到了一定阻碍。理想的做法是展开纵向研究，即首先观察学龄前阶段的无聊，并尽可能久地追踪同一批被试的状况。追踪一批被试直至其生命尽头是不可能的，但就连五到十年的短期追踪也很有挑战。因此，我们只能做所谓的横向研究——在不同年龄组的被试中研究无聊问题。

研究儿童的无聊还存在其他难点。当一个4岁小孩说他很无聊，他的意思真的是我们所理解的“无聊”吗？除了定义的问题，无聊一词用在小孩子身上并不恰当，毕竟他们大多数时间都待在教室里。无论挑战是什么，结果是，10岁以下儿童的无聊问题很少得到关注。在一项研究中，研究人员调查了三、四年级儿童的无聊体验，并将其与他们的数学和阅读能力联系起来。[7]研究发现，无聊与较差的学习成绩有关，与阅读能力的相关性尤其显著。阅读能力强的儿童呈现较低的无聊水平。阅读需要想象力，即把文字转化为图像，把人物对白转化成带有口音的话语，把场景转化为大脑中的动态影像。因而，好的阅读技能可能反映了更高水平的想象力，而更高水平的想象力反
76 过来又反映了更强的与阅读文本联结的能力。我们认为，无论你在做什么，有效的参与是驱走无聊的关键所在。三、四年级

标志着一个很重要的过渡期：从学习如何阅读，到通过阅读学习。如果一个孩子在阅读上有困难，那么投入课堂活动对他来说会越来越困难。[8]不幸的是，这样的研究只关注儿童成长中的某一阶段，因此无法揭示什么因素能够解释随着年龄而变化的无聊水平。

长久以来，人们一直将无聊与成年人日渐增长的刺激寻求的冒险行为联系在一起。佐治亚大学的玛丽·鲁索（Mary Russo）及其同事认为，刺激寻求的轻缓增长从7岁开始，并且一直持续到青春期。[9]这一点，再加上缺乏自主决定，可能导致了无聊倾向的上升。一方面，孩子想要追求和经历新奇的感觉。另一方面，他们的自主决定能力（不只是选择自己想做的事，也包括准确地执行自己想达成的目标）受到限制，这种限制一是因为身心发展的不成熟，二是父母和社会等外部环境的制约。[10]当我们从儿童成长为青少年，这种自我能力和外部世界的约束之间的矛盾会愈加明显。

无聊的涨潮

在北巴芬岛，男孩长到十一二岁时，便要跟随父亲前往荒
野，锻炼打猎技能。在许多文化中，女孩会参加与她们的显著 77
生理变化（往往是月经初潮）有关的仪式。在瓦努阿图岛，年仅七八岁的男孩，脚上绑着一根不怎么像蹦极绳的藤蔓，从接

近三十米高的塔上跳下，庆祝成年。这些传统仪式有一个共同点，那就是它们都从文化上标示出了一个人从儿童期进入青少年期的转变，这个转变期通常也是我们更复杂的认知能力逐渐成形的时候。[11]这个转变期可能同样代表了人们表达无聊的一个关键时期。

这似乎是个残酷的玩笑：当我们越有能力向这个世界施加影响，我们也越是向无聊敞开了大门。这个矛盾源于我们前述的论断——无聊源于无法投入这个世界。随着认知能力的发展，我们参与世界的能力会提升，同时，我们新发现的能力得不到充分发挥的**可能性**也会增加。尤其是这个世界还没有给我们提供一套完整的可供行动的选项的时候，而大多数青少年面临的就是这样的情况。青少年要么面临行为的约束，要么时间太多而可做的事太少，无论哪种情况，无聊都会到来。

刚才提到的仪式大多与步入青春期的生理改变有关，而不是与某个具体年龄数字相关。跟随荷尔蒙的分泌和情绪强度的高涨而来的是新的认知能力。[12]对刚刚成长起来的青少年来说，不仅情绪的强度和复杂度有所增加，而且抽象思维能力、解决复杂问题的能力和通过逻辑推理应对挑战的能力都有了提升。
78 这就是青少年，他们情绪强烈，脑子灵活，爱争论，也易怒。

然而，青少年情绪和认知的发展轨道并不相同。一方面，由于荷尔蒙的激增，与情绪相关的大脑网络经历了迅速的改变。另一方面，与认知和推理相关的脑区则在青春期以后的十年里才逐渐发展到完全成熟的状态。[13]罗纳德·达尔（Ronald Dahl）是匹兹堡大学的研究人员，他认为这类似于“由一个不熟练的司机来启动引擎”。[14]其他人认为这两个有着截然不同的发展和功能特征的系统其实是相互冲突的——情绪是“推开门”，而认知则是“拉上门”。[15]

这个模型表明，一边是奖赏和刺激情绪的敏感度上升，另一边是处理这些情绪的能力并不成熟完备，这种错位也许是青少年期无聊水平上升的核心所在。这些问题也可能强化刺激寻求。认知能力的发展需要一个出口，这股动力可能把青少年推向好奇心和寻求新的知信息，以及追求新奇体验的快感。

这是一个青少年必须面对的复杂迷宫。他们会有强烈的动力，想要表达自己和探索世界，但又不能理性地收敛和控制自己强烈的情绪，并不断地与固执的成年人已经定好的规则和限制正面冲突。青少年必须要按时上课，他们的课外活动、与朋友玩耍的时间和上网娱乐的时间统统都由父母来定。这些限制与青少年心中强烈的独立和自我决定的愿望相抵。[16]事实上， 79
在一项针对大学生的调查中，用来形容无聊的高频词是“焦躁不安”，也许这种不安正来源于想要突破学习环境施加的约束的愿望。[17]

这种约束的反面是时间太多却无所事事，这也是滋养无聊的温床。据估计，青少年的时间里有40%左右的闲暇。[18]对大多数青少年来讲，所谓闲暇就是无聊。[19]这些青少年有大把的时间和超高的寻求刺激的欲望，却没有令人满意的出口。他们的认知能力得不到充分发挥，轻易就会陷入无聊。[20]

最近一项关于南非青少年的研究就是一个好例子；这项研究表明，有更多空闲时间的年轻人也会有更多的性活动。[21]无聊是一个关键因素。总体上，在这项研究中，就业水平较低、社会经济地位较低、空余时间较多的年轻人呈现较高的无聊和不安程度。这项研究是少有的跟踪高中青少年长达两年的研究。那些在九年级时报告无聊程度较高的人，在第二年时的性行为更活跃，性攻击性也更强。在九年级时报告无聊程度较高的男生也更有可能参与**更危险**的性行为，如不使用安全套或者一夜情。同样，一项针对新墨西哥州农村地区青少年的研究发现，无聊程度的增加与更多的闲暇时间和更少的投入有意义活动的
80 机会相关。[22]反过来，这些青少年也呈现较高的吸毒率，并更有可能“惹麻烦”。显然，无聊且拥有太多闲暇时间是会带来后果的。

危险性行为、吸毒和惹麻烦都代表了一系列属于青少年的愿望：追求独立，寻求新鲜体验，利用新发展出的能力。当受到父母控制、学校限制和缺乏机会时，无聊就会滋生。[23]然后，就在情绪起伏到达青少年期的高峰时，从17岁开始，无聊水平开始下降了（图4.1）。[24]这一下降趋势恰好发生在独立自主和自我表达的机会大大增加的年龄，在这个年纪，自控能力也开始成熟。

我是个成年人了

从传统的角度看，十七八岁是充满选择的年纪，这个年龄的青少年离开高中校园，或者进入工作，或者寻求高等教育，去读大学。他们被赋予了从未体验过的权利和义务，从投票、开车，到合法饮用酒精（至少在世界上某些国家）。

自由和机会在青春期的末尾纷至沓来，这可能只是无聊水平下降的部分原因。我们前面提到，青春期的开端也许预示着无聊水平将上升，但这种上升无关乎实际年龄。所以，在青春期结束之际，无聊水平的变化也一样是和常常被忽视的生理年龄有关，而非实际年龄。[1]到了18岁，随着人类社会中复杂 81
的情感面徐徐展开，青少年已开始磨炼认知技能，以更好地对欲望和目标采取行动。但他们还有一些路要走，大脑要到20～25岁才会发育完全。但在十八九岁时，人脑中被称为额叶皮层的部分已经有了显著发育。[25]

额叶皮层就像是其他脑区的指挥官，它根据从负责基础知觉和运动的脑区传递到额叶皮层的信息来控制复杂的行为。[26]例如，抽象思维（能够感受到例如美和勇敢这一类抽象概念）、预先计划（一种能够使我们规划将来的职业道路的未来思维）、

---

[1] 实际年龄，指从出生起计算到目前的时间长度。生理年龄，指到达实际年龄时所呈现出的健康状态所反映的年龄水平，身体健康、保养得当的人的生理年龄通常比实际年龄小。

反应控制能力（一种能让我们在葬礼上忍住不笑的能力），这些都是大脑的执行功能。这些功能之所以被称作执行功能，是因为它们每一项都是复杂的、多方面的，而且是以一种看似自愿的方式被调用的。简单来说，额叶皮层的发育让人具备更高水平的自控和自主能力。[27]

在任意年龄经历额叶皮层这一大脑的关键部分的损伤，会导致什么情况呢？我们注意到了这个问题，而其答案有力地支持了我们的观点：成年早期无聊水平的降低和额叶皮层的发育有关。车祸、运动性脑震荡和酒吧斗殴常常会导致创伤性脑损伤（TBI）。仅在美国，每年就有近280万人被诊断为TBI。[28]额叶皮层是TBI的重创区域，[29]而TBI的必要要素就是专家所说的执行功能障碍综合征。[30]

82 一段时间以来，治疗脑损伤病人的医生注意到，这些病人时常抱怨他们太无聊了。[31]我们自己的研究数据显示，TBI患者报告的无聊水平比健康人群更高——虽然我们经常听医生和患者这么说，但现在，我们推测这是事实。[32]对我们研究的病人来说，无聊不仅仅是对单调的卧床生活的反应，因为他们早就出院了。相反，那些遭受TBI的患者似乎发生了一些改变，他们更难用一种令人满意的、有意义的方式参与这个世界。

自我调控的水平下降可能是导致TBI幸存者变得更易无聊的关键因素。反过来说，这些功能在青少年期后期的发展可能恰好是我们步入成年期时无聊水平骤降的原因。从数据中还可以清晰地看到，即使在大脑发育完全很久之后，无聊的程度依然持续下降。

中年，中等无聊？

很明显的一点是，在中年这个充斥着不满和发泄的年纪——男人们无时无刻不在想着买一辆不实用的跑车——人们似乎**不太**会觉得无聊。回到詹布拉的研究（图4.1），我们看到无聊程度从20岁开始下降，到50岁进入平台期，在60岁之后略微上升。最近，中年时期无聊水平的下降趋势在阿莉西 83
娅·金（Alycia Chin）及其同事的研究中得到了证实。[33]他们从近4 000名平均年龄为44岁的美国人身上采集了大量数据。与詹布拉的发现一致，金发现，中年人较少报告无聊。值得注意的是，无聊水平的下降并不是线性的。换句话说，虽然一个25岁的年轻人的无聊程度是一个45岁的中年人的四倍，但一个45岁的中年人和一个60岁的老人的无聊程度差不多。

多亏了金及其同事，我们对无聊（包括中年人生活里的无聊）有了更具体的了解。首先，他们发现，63%的被试在7～10天内至少会感到一次无聊。这些被试报告了17种不同的感觉，无聊在前十名里排第七位。在被试报告的**负面**情绪里，无聊是最常见的，它位列第四名，紧随疲惫、沮丧和冷漠之后。当无聊发生时，它往往与其他负面情绪联系在一起，如孤独（将在第八章讨论）、愤怒和悲伤（将在第五章讨论）。因此，尽管事实上无聊在中年时期持续下降，但这并不是说无聊就完全消失了。它在很大程度上已经成为我们日常生活的一部分。

金及其同事的研究也可能会提供一些线索，说明为什么无聊程度从青年到中年会有所下降。关键可能在于年轻人和老年人如何安排他们的时间。研究发现，人们在学习、上学以及与不认识的人交往时，最经常觉得无聊。我们有理由
84 认为，年轻人，而不是中年人，更有可能处于这类情境。这一点在金及其同事的统计分析中至少得到了部分证实。事实上，他们得出了一个更普遍的结论，即无聊在很大程度上取决于人们所处的环境，而不是由人与人之间的差异（如年龄）决定的。

说实话，我们对中年时期的无聊知之甚少，这方面的研究的缺失本身可能就间接地暗示了生活环境在中年时期的无聊中的作用。也许中年人只是太专注于建立事业、组建家庭和承担抵押贷款等的责任，这些因素使他们无法经常来参与有关无聊的研究，同样也可能是他们的无聊水平较低的原因。[34]

年轻人和中年人之间的对比凸显了个人所处环境对感到无聊的可能性的影响。生活背景的影响远不止于职业或抵押贷款。环境的影响在老年人身上也是显而易见的，它可能与认知能力的变化共同作用，使晚年的无聊情绪激增。

晚年的无聊

自始至终，我们一直声称，当参与世界的欲望得不到满足时，无聊就会产生，令我们感到精神空虚。对于老年人来说，有两个关键的因素是滋生无聊的温床。首先，随着年龄增长， 85
我们的认知能力下降，自我控制和注意力也渐渐不济，我们已经了解到这与无聊水平的上升有关。其次，随着年龄增长，我们的社交网络逐渐缩小，参与令人满意的活动的机会也大大减少。这两个罪魁祸首很可能是共谋，相互放大对方的影响。

爱尔兰皇家外科医生学院的罗南·康罗伊（Ronán Conroy）及其同事研究了一组65岁及以上的人，试图找出这一人群中与认知退化相关的因素。[35]他们发现了三个关键因素：**低社会支持**（独居生活，外部社会支持低）、**个人认知储备减少**（社会活动和休闲锻炼水平低，孤独感和无聊感增加）、**社会人口认知储备水平低**（生活在农村社区，教育水平低）。[36]抛开这些术语来说，老年人的孤独和无聊与下降的认知功能有关。晚年的孤独和无聊可能更普遍地代表着无法以最佳方式参与世界。事实上，研究发现，老年人的认知功能下降主要表现在规划和自我调节领域。这两种执行功能由额叶皮层管理，正是它们让十七八岁和二十岁出头的年轻人不那么容易感到无聊。[37]

不幸的是，时间无情，许多人的认知功能退化，也偷走了让人满意的参与世界的机会。朋友悄然离去，身体上的疾病限 86

制了我们以过去的方式投入这个世界，外部环境变得更有限制性——所有这些都使我们面临更多无聊的风险。晚年生活的变化会让我们觉得自己变得不再有斗志。

俄亥俄大学的吉莉安·艾西（Gillian Ice）指出，居住在养老院的老年人每天有将近一半的时间几乎什么都不做——睡觉、看电视和参与其他被动的活动。[38]很明显，这些活动都很平平淡淡，限制着老年人为生活注入活力的能力。事实上，老年人报告的无聊程度更高，这可能正是对每天无所事事的一种理所当然的反应。很重要的一点是，老年人也报告了焦躁和不安。[39]这种生理兴奋下降和焦躁不安的组合，在整个生命期的无聊的研究资料中是很常见的，因此，它出现在老年时期也毫不奇怪。很难想象每天看电视能让人的心率升高。对青少年的研究一致强调，焦躁不安和无精打采是面对单调生活的一种怪异混合反应，而这是本身无事可做时的直接结果。所以，在人生的两端，导致无聊的机制可能是相同的——一种我们的技能和天赋没有得到充分利用的感觉。

这种感觉，即我们的心智未得到利用，只是在从事无意义的活动，与我们更普遍的生命意义感密切相关。我们将在第七章中探讨意义和无聊的问题。现在，我们只想说，养老院生活可能无法提供足够的意义，让居住其中的人们抵御无聊。

要弄清楚无聊在人的一生中是如何表现的，这件事具有挑
87 战性，因为相关的研究还很少，我们缺少纵向研究数据。但我

们可以梳理一下重要的主题。人的生理阶段是至关重要的：从童年到青少年时期的过渡期，强烈的情绪与认知能力相冲突；从青春期的末尾到成年早期，我们看到大脑在这个过渡期变得成熟，能够更好地控制我们的思想和情绪；在生命的后期，这些能力的下降成为引起无聊的罪魁祸首。环境也同样重要：青少年有充足的空闲时间，却很少有表达的渠道，他们发现自己的处境和生活在养老院中的老年人一样，几乎没有什么可以参与世界的机会。无聊是贯穿生命的河流吗？无论我们是4岁、40岁还是80岁，当我们觉得自己的技能和天赋没有得到充分的发挥时，就会产生无聊感。我们知道自己可以做更多的事情，也**想**做更多的事情，但我们似乎抓不到那个痒处。无论何时，无聊所预示的困境都不是微不足道的小事。

第五章

间接经验

· · ·

这本该是一次常规飞行。西北航空188号航班原计划从圣 88
地亚哥飞往明尼阿波利斯，于中部夏令时下午5∶01起飞。下午6∶56，在起飞两小时后，空中交通管制中心在丹佛上空与188号失去联系。[1]

为什么机组人员没有回应？是不是发生了什么意外，还是其他情况？人们很快想到最坏的情况，“9·11”事件的阴影从未离开这个行业。空管中心立即联系了北美防空联合司令部，战斗机已经准备起飞。

飞机上弥漫着紧张的情绪，只有驾驶舱例外。对飞行员来说，艰苦的准备工作已经完成：爬升到巡航高度的飞机基本上是在自动飞行。视线内除了一望无际、单调乏味的天际线之外，什么都没有，无聊的感觉开始滋生。他们的心思开始游离不定。烦躁的机长起身去了洗手间。这并不稀奇，但当机长出去的时候，空管中心要求副驾驶调整无线电频率。他照做了，但是混淆了温尼伯和丹佛的频率（他想要切换到丹佛）。温尼伯那头的空管人员一直在喋喋不休，副驾驶以为自己切换到了正确的频道。机长回来了，他和副驾驶谈起了新的调度系统——他们
89 只想随便聊点什么来消磨时间，来占据无聊的头脑。他俩都盯着各自的电脑。温尼伯的空管人员继续喋喋不休，而丹佛那头则在疯狂地试图联系这架飞机。

西北航空总部通过机载数据链接系统加入了搜寻188航班的队伍。在大多数飞机上，这个系统是通过触发铃声来引起飞行员的注意。但在空客A320上，这个系统只能点亮一个小灯30秒，显然不足以吸引飞行员们漂移的注意力。

终于，飞行员们发现了错误，意识到他们已经偏离了航线100英里。空管中心命令他们在空中做了一系列转向动作，以确保飞机是由飞行员而不是恐怖分子操控。最终，战斗机撤离了，188号也安全降落了，而乘客们大概都不知道这背后的故事。

· · ·

人们总是把自己的各种问题归咎于无聊。寻衅滋事、药物滥用、成瘾以及对智能手机的过度依赖，这些问题都被看成是由无聊引起的，然而，真正的罪魁祸首也许不是无聊本身，而是感到无聊的人。例如，一项针对英国公务员的调查显示，那些在调查初期觉得无聊的公务员，比起那些不无聊的公务员，

在三年后更有可能死于心脏病——这个研究表明，也许真的有人会“无聊到死”。然而，当控制了就业环境、健康状况和身体活动水平这些变量时，无聊和死亡之间的联系也就不存在了。[2]

对无聊的后果的研究充满了挑战，而且现有的很多研究根本不够严谨，所以也无法得出明确的结论。其中一个问题是：
我们需要区别两种无聊，一种是指当下无聊的感觉（无聊状 90
态），另一种是基于性格而经常出现的强烈的无聊感（无聊特质）。说基于性格的无聊倾向可能引起心理问题是一回事，说无聊状态导致心理问题又是另一回事。我们认为，过去许多针对无聊的后果的研究没有对这两种无聊的区别给予足够的重视。在本书中，当我们指的是无聊这种感觉时，我们将使用“无聊”一词。当我们指的是性格特征时，我们将使用“感到无聊的倾向”或者“无聊倾向”这样的表述。

在这一章中，我们将重点讨论无聊的可能后果。这些后果要么是基于实验室对无聊状态的研究，要么是基于那些发现无聊的改变先于所谓的后果的改变的纵向研究。一些纵向研究评估了被试当下的无聊状态，另一些则测量了被试在一个时期内的无聊水平。刚才提到的有关英国公务员的研究就属于第二种，这项研究长达四周，研究人员询问了被试在这段时间内的无聊水平。[3]

虽然无聊和无聊倾向可能不会**直接**导致我们在最开始提到的一系列问题，但是，如何应对无聊这种令人不舒服的感觉是很关键的。无聊使得我们的行为方式缺乏适应性，同时也直接影响了我们的健康。无聊的时候，我们可以选择读那本几个月前买的侦探小说，也可以选择在沙发上吃一袋薯片，看一下午的电视。显然，第一种选择比另一种更健康。所以，正是以这种间接的方式，无聊导致了一系列问题。我们对无聊的反应是
91 引起问题的更直接原因。但是，如果不能适应以及灵活地应对无聊，会有什么后果呢？

正如空客188航班的故事所凸显的那样，当我们在做一些简单、重复、不足为奇或者十分熟悉的任务时，我们可能很难做到百分百专注。[4]在许多情况下，这并不会导致什么重大后果。修剪草坪是简单的、重复的，而且是我们分外熟悉的事。如果忘记了修剪一个地方，我们只需要在下周日修草坪的时候注意一下。但如果我们所做的事情有实际的后果，比如驾驶一架有数百名乘客的大型客机，如果我们不能保持专注，就会造成严重的影响。

当你在做一项重复的、单调的、简单的任务时，你越感到无聊，你的表现就越差。[5]那些需要一定注意力但又不会完全消耗你的心力的事情是无聊的。摆脱无聊的办法就是让你的大脑参与到这件事中。但是，这又是一个“第二十二条军规”。根据定义，无聊的任务无法满足你的精神需求。但如果你寻求其他东西来让你的精神得到参与，你就做不好手头上那件无聊的事——至少你不会表现得很好。正是出于这个原因，流水线工

作现在大部分都自动化了。在流水线上排查一个零件的质量问题既单调又枯燥，而且我们很难集中注意力，因此感到无聊的风险增加了。如果我们开始神游，那些有问题的零件就会在不知不觉中溜过去。我们了解到那些容易感到无聊的人，在很大程度上也无法在需要持续注意力的任务上表现得很好。做这样的任务时，他们在当下的无聊水平比那些较少经历这种无聊状态的人要高。[6]容易感到无聊的人所经历的注意力难以集中的情况，可能会给他们更多的理由去寻求安放已经游走的注意力的方法。此外，容易感到无聊的人在被要求将注意力维持在一项让他们感到乏味的任务上时，更容易退缩和放弃。[7]虽然有些人能够深度专注于无聊的任务，但对其他人来说，这就是不可能。 92

当被一个无聊的任务或环境所困时，我们很快就会变得焦躁不安。假设我们正在参加一场工作会议，这场会议正在以六岁小孩都能听懂的方式安排收发邮件的新规定，我们中的大多数人都会在座位上坐立不安的：在座位上挪动身子，前倾或后仰，一会儿伸开胳膊支到脑后，一会儿把胳膊架在桌子上，手指轻轻敲击桌面，双脚也不安分，敲打着地面——总之，就是一种浑身不舒服的感觉。你觉得再也无法忍受了。你必须摆脱这种昏昏沉沉的状态，重整旗鼓。在这样的时刻，那感觉好像是无聊威胁着要抹杀我们的存在，我们极度渴望感受些**什么**，以确认我们还活着。这种极度渴望会让我们走上危险且不健康的道路。

一个鲜明的例子来自最近一项研究，研究人员让被试坐在一个空荡荡的房间里，陪伴他们的只剩自己的思绪。[8]对其中一些人来说，事情并没有那么顺利，无法专注的他们开始神游，而且并不感到愉快。[9]当研究人员提供给他们一个选择——被电击一下而不是安静地坐着——的时候，许多人选择了至少一次电击，也许是为了缓解沉闷。被试知道电击意味着什么。在实验开
93 始之前，他们就体验了电击，甚至坦言他们宁愿花点钱以求不必再次承受电击的痛苦。然而，当被试可以在无聊和电击之间选择时，电击的疼痛被抛到了脑后，许多人宁愿听见滋滋的电流声，也不愿意干坐着。也许有人会说这项研究中的被试并不是想通过电击来减轻无聊，而仅仅只是对电击感兴趣。但在无聊来袭之前，这些被试曾说，他们宁可无聊地待着，也不想被电击。然而，实验开始后，有三分之二的男性被试和四分之一的女性被试选择了至少一次电击。有一个男性被试在短短十五分钟内选择了190次电击！想要满足好奇心，大可不必来这么多次。

在后续研究中，被试分成了两组。一组人在一小时内重复观看了好几遍同一部无聊的电影，另一组人则在同一时间看一部不那么无聊的电影。[10]看无聊电影的被试比起看有趣电影的被试会更多地选择电击。这个研究控制了更多的变量，它清楚地表明，感到无聊是关键因素。无聊可能是特别有力的诱因。

来自荷兰马斯特里赫特大学的尚塔尔·奈德尔库恩（Chantal Nederkoorn）及其同事发现，人们在被诱导进入无聊

状态时，会比被诱导进入悲伤状态时选择更多的自我施加的电击。[11]就像第一章中提到的，无聊的水貂对危险置若罔闻，甚至主动靠近厌恶刺激，同样，无聊如此使人不适，人们宁愿忍受可怕的生理疼痛，以此摆脱无聊的魔咒。

显然，这些研究设置了一些荒唐的情境，并不能真实反映我们的日常生活。重要的是，这些研究并没有提供给被试除电 94
击以外的其他消除无聊的选择。所以我们并不知道，当人们能够自由选择如何应对无聊时，他们会做些什么。不过，当日常生活中感到无聊时，有一些人的确会以一种类似于自我施加电击的方式，抓挠、割伤、烧伤自己，甚至对自己拳打脚踢。这种行为被称作“非自杀性自我伤害”（NSSI）。有NSSI行为的人并不想结束自己的生命，而是通过身体的痛苦来让自己感觉好一些或者获得平静。[12]自我伤害是一种逃避策略，也许能够让他们从情绪痛苦中抽离出来，分散他们的注意力，然后向他人寻求帮助。无聊看上去极为难受，以至于它让人们宁愿选择自我伤害。[13]

除了自我伤害之外，人们面对无聊时也会采取其他各种逃避策略。例如，使用一些引起精神变化的药物，它们提供了一个逃离的出口，让人们以为情况会变得更好。无聊是对当下的蔑视，当我们无力改变眼下的局面时，这种蔑视会放大。服用某些物质可以让我们逃离当下，从无聊中解脱。

许多人使用有害物质，如香烟、酒精或毒品。当被问及为什么这样做时，他们会说自己是出于无聊。也正是这个人群，他们比那些不使用有害物质的人更常感到无聊。[14]一项在2003年进行的调查发现，17%的青少年经常觉得无聊。与不常感到无聊的青少年相比，这些孩子吸烟、过量饮酒和使用毒品的概率高达50%。[15]一些研究跟踪调查了青少年的无聊水平和药物滥
95 用情况，并证实，无聊**早在**吸毒、吸烟和饮酒**之前**就发生了。[16]

在一项由埃琳·夏普（Erin Sharpe）及其同事主导的针对美国和南非的青少年的研究中，被试自我报告的无聊水平的小幅增加与饮酒的可能性的小幅上升（14%）呈现相关。无聊增加了吸烟的可能性（23%）和吸食大麻的可能性（26%）。[17]同样，对于成年人的研究显示，可以通过一个人最近两周内的无聊感来预测其饮酒情况。[18]这些研究都表明，无聊状态是吸毒和饮酒的前兆。有迹象表明，这种关联在更易感到无聊的人群中会更加强烈，这表明，容易感到无聊是一个风险因子，会诱使人们服用药物来逃避躲避这种感觉。[19]无聊并不直接导致饮酒或者吸毒。当我们无法对无聊做出适当的反应时，毒品和酒精就会通过改变我们的精神状态来填补这个空缺，最终麻痹我们想要逃避的无聊带来的负面感受。

与药物滥用一样，赌博问题也被归咎于无聊。表面上看，其中的逻辑似乎和上述的有害药物并没有什么不同。我们无聊了，心里难受，这促使我们寻找发泄的出口，排解这种不舒服的感觉。赌博，特别是让人沉迷的老虎机，就符合这个要求。

我们知道喜欢赌博的人经常说他们这样做是因为无聊，也有少量研究发现强烈的无聊倾向确实预示着赌瘾的可能性。[20]但是，虽然人们普遍觉得无聊会导致赌博，支持这一说法的研究却是少之又少。也许赌博和其他恶习一样可以缓解无聊，但我们目 96
前还不能十分肯定。[21]

正如滥用药物和赌博一样，进食问题也在无聊引起的弊病清单上。当人们被问及他们是否在无聊时吃得更多时，答案响亮而一致："是的！"[22]而且，当被要求描述他们在感到一系列情绪时最有可能采取的四种行为时，"吃"更频繁地与无聊而非悲伤或焦虑相联系。所以，根据被试的自我报告，无聊似乎是触发进食问题的一个明显因素。[23]

安德鲁·莫尼汉（Andrew Moynihan）与来自爱尔兰和英国的同事们做了一项研究，他们要求被试连续写一周的日记，记录每天的无聊程度以及每天吃了什么。他们发现，在一天中，一个人越无聊，消耗的脂肪、碳水化合物、蛋白质和总热量就越多。每天的无聊感受和食物摄入量之间的联系与压力之类的其他负面情绪无关，也与身体质量指数（BMI）以及一般的无聊倾向特质无关。所以，虽然其他研究发现经常感觉无聊的人会有不健康的饮食习惯，但这项研究表明，易感到无聊的特质与更高的食物摄入量有关。[24]另一项研究也发现了这种关联。研究人员通过让被试玩一个无趣的拼图让他们感到无聊，然后问被试想吃什么，是零食，还是其他健康的食物。[25]无聊的被

试倾向于专注在自己的思维和想法上，相较于另一组不觉得无
97 聊的人，这些人想要吃零食的欲望更强烈。

所以，当我们感到无聊的时候，我们似乎把吃作为一种让自己有事可做、排解无聊的方法。而且，我们很可能选择吃一些不太健康的东西。一项研究表明，当人们看了一小时单调乏味的电影后，他们吃下的巧克力豆的总热量达到100卡路里。[26]而当人们看的是一部有趣的电影时，他们摄入的热量仅有50卡路里。值得注意的是，这种无聊时吃东西的倾向在其他的负面情绪中并没有观察到。事实证明，无聊与悲伤（让人们看悲伤的电影时引起的情绪）是不同的。只有无聊才会导致人们吃不健康的食物。[27]

无聊不仅会把我们推向不健康的饮食选择，还可能导致我们忽视那些告诉我们已经饱了、不需要更多食物的生理信号。在加州州立大学奇科分校的爱德华·艾布拉姆森（Edward Abramson）和肖恩·斯廷森（Shawn Stinson）主导的一项经典实验里，研究人员告知被试，想吃多少烤牛肉三明治就吃多少，直到吃饱为止。[28]之后，被试被分为两组。第一组人被要求重复地写“cd”这两个字母，这个任务旨在让被试感到无聊。另一组人被要求写下看到有趣图片的感想。在这个过程中，两组人都可以随心所欲地吃零食。第一组人比另一组吃了更多零食，即便他们已经饱餐了一顿烤牛肉。是不是听起来很熟悉？回想一下，在第一章中，住在条件贫乏的笼子里的水貂比住在

设施丰富的笼子里的水貂吃了更多零食——尽管这些水貂之前已经大饱口福了。[29]

无聊甚至可能导致肥胖。我们已经知道一些遗传因素和肥胖有关。但是背后的机制是怎样的？显然，这是个极为复杂的问题，但最近的一项研究提出了一个很有趣的可能性，意味着无聊可能是肥胖的关键因素。哥伦比亚大学的理查德·吉尔（Richard Gill）及其同事发现，因为无聊而吃东西和无法抵御诱惑，这部分解释了遗传和肥胖之间的关系。[30]而其他负面情绪，如焦虑，则被发现与肥胖无关。 98

当我们感到无聊时，我们可能会选择进食，这样做的原因有很多。也许在无聊的囚笼中，我们觉得自己似乎缺少能量。选择吃高糖的零食而非健康的食物看起来恰好支持了这种设想。也有可能，我们选择进食仅仅是为了让自己从无聊中脱离片刻。把东西塞进嘴里的行为本身会让我们误以为自己正在做着什么。最终，无聊使我们更容易受心理冲动的驱使；也就是说，我们看到诱人的食物，就不假思索地抓起来塞进口中——好像是自动驾驶的汽车一样。和其他与无聊相关的选择倾向一样，进食可能反映出了一种为了逃避这一感觉而做出的适应不良的（也可能是冲动的）反应。

一些研究已经证实了无聊倾向与冲动行为倾向之间的联系。我们已经在其他地方提到过，无聊易感性与刺激寻求密切相关，这里所说的刺激寻求不是寻求新的知识信息，而是寻求一些新的感觉，以驱赶无聊的枯燥感。从这个角度来看，暴饮暴食、赌博、药物滥用或者酗酒都可以被认为是为了缓解无聊而做出的一种冲动的尝试。[31]

这种选择短期安慰来逃避无聊的倾向会使我们的行为违背自身利益。在一项研究中，研究人员提供给被试两个选项：忍
99 受短暂的等待，或者抄写有关水泥的技术资料。这两个选项都会引起无聊，而在两种情形下，被试都不约而同地选择放弃未来的奖赏，以避开更多的无聊的任务。也就是说，人们越是感到无聊，就越会选择那些快速简单的奖赏（来摆脱无聊），虽然这在经济上并不是他们的最优解。[32]在另一项研究中，研究人员要求被试在玩骰子游戏前等待五分钟。五分钟的等待让被试变得无聊，结果是，他们在玩游戏时会做出更冒险的决定。[33]

目前尚不清楚的是，人们在无聊时做出的冒险选择是为了缓解无聊带来的烦恼，还是仅仅因为他们无法控制自己的行为。无聊倾向和自控能力低下之间的联系表明，那些时常感到无聊的人无法恰当地抑制自己的冲动。但是这些人可能会寻求刺激和兴奋来驱赶无聊。在一项研究中，那些容易感到无聊的人报告说，他们经常会在火车岔路口和高速驶来的列车比赛，试图抢先跨过铁轨，而那些不易感到无聊的人则不太会这样做。

另一个实验就没这么惊险了。在实验中，研究人员让被试坐在电脑前，屏幕上的一侧有东西在闪烁，另一侧则没有。研究人员让被试尝试克服不自觉看向闪烁的那一侧的倾向，保持

视线盯着屏幕的另一侧。这是认知心理学中非常经典的实验范
式——用闪烁物吸引被试的注意力，同时告诉被试尽力忽视它。
这个方法能够很好地测量冲动控制能力。而这个实验研究的是
试图戒烟的吸烟者，而戒烟显然需要个人发挥自制力。结果发
现，忽略闪烁物对最近刚刚开始戒烟的吸烟者（迟至实验前几 100
个小时才开始戒烟）来讲更加困难。这种抵御环境中的诱惑的
失败（我们可以把闪烁的刺激和香烟看作类似的东西）正是戒
烟如此困难的原因。这项研究中有一个关键的发现与无聊有关，
即，那些报告自己在日常生活中有着较高无聊水平的吸烟者也
是这个实验中最难忍住不看闪烁物的人。[34]

冲动和适应不良的反应可以被看作解决当下不愉快的无聊感觉的尝试。深入挖掘，我们可以看到无聊带来的特殊的痛苦——我们会感到麻木和无助。我们无法制订行动方案，更不能执行这些方案。我们变得怠惰。简而言之，我们觉得自己无足轻重，甚至多余。

无聊就是不能做自己生活的主宰。在这个意义上，无聊是对我们人格的侮辱。我们被贬低了，而在这种侮辱面前，有一些人可能做不到坐以待毙。实际上，无聊可能尤其具有威胁性，因为它扼杀了自主决定能力，却没有告知我们，造成我们的困境的压迫势力到底是什么。沿着这个思路，无聊就变成了“愤怒的蔓延”。[35]如果我们想要避免陷入绝望，一个选择就是向这个世界发泄。在一项研究中，研究人员要求十二三岁的被试安

静地坐上七分钟。相较于不感到无聊的学生，这些少年报告了更多有关自恋和攻击冲动的感受。[36]

我们也了解到，经常感到无聊的人往往也倾向于自恋。[37]在表面之下，他们对任何暗示他们可能较差或无力的信号都很
101 敏感。同时，容易感到无聊的人也有更高水平的愤怒、攻击性和敌意。[38]也许这是因为他们经常和无聊对他们的自尊心造成的冒犯做斗争，而他们或许把攻击当作一种捍卫自我的方式。类似的心理过程甚至可以在精神变态者中发现，虽然这种心理并非精神变态的根本原因。一直以来，我们都知道精神变态者特别容易感到无聊，[39]也许是因为他们对兴奋和刺激有着巨大的需求。而且，因为精神变态者通常显示出强烈的自恋特征，所以他们很容易被环境（如无聊的环境）激怒，这些环境挑战了他们不惜以一切代价维护的高大宏伟的形象。

在极度无聊的时刻，确认我们的能动性的需求也许比采取行动更重要。我们被驱使着采取行动，仅仅是为了证明我们可以。从这个角度来看，故意破坏他人财产不仅仅是毫无意义的愚蠢行为，它也是一种对能动性受到挑战的回应，而这种挑战至少有时是来自无聊的。[40]我们的观点是，我们如何回应能动性受到的威胁，决定了无聊的后果是好还是坏。我们既有能力和机会去创造，同样，我们也有能力和机会去毁坏。两者都可以证明我们是有力量的，能够重设我们眼中的世界。当然，无论对我们还是对其他人来说，这些选择的后果非常不同。

研究人员对一组10岁的孩子进行了为期五年的跟踪调查，发现在某个时间点上的无聊倾向会增加近期内青少年犯罪的可能性。对于整个样本来说，这是一条单行道：无聊的倾向会导致以后犯罪的增加，而不是反过来。但是，对于一小部分不受 102
约束、追求刺激的人来说，在时间点1的犯罪实际上预示着时间点2的无聊倾向水平的**降低**。对于追求刺激的青少年来说，犯罪可能会缓解或者缓冲未来的无聊。[41]

在一项实验性研究中，研究人员让一群大学生感到无聊，然后让他们阅读一段描述他们自己文化群体的成员被另一个文化群体的成员攻击的文字（或反过来）。[42]当人们感到无聊时，他们给属于自己文化群体的犯罪者判定的刑期更加宽容，而给属于另一个文化群体的犯罪者判定的刑期更为严厉。

在最严重的情况下，再加上同理心的缺乏，无聊会是非常危险的。“我们很无聊，没有事情可做，所以我们决定杀个人。”[43]三个青少年不带感情地谋杀了一个出门跑步的年轻人，其中一个作案者给出了上面的理由。同样，有很多杀人者声称自己杀害别人是因为无聊。但毫无疑问，无聊不会直接导致青少年犯下杀人罪。当无聊来袭时，他们大可通过其他途径，获得快乐，重新掌控自己的生活。

最近，在德国，警方怀疑一名护士谋杀了至少79人。[44]他声称自己杀人只是为了解闷。他非常享受抢救病人时的快感和得到的称赞，以至于故意给病人注射致命的药物，这样他就可

以拯救他们——这一切都是为了炫耀他的技术，以及摆脱无聊。把病人从死亡的边缘救回来的欣喜以及失败时的沮丧都是权力
103 失控的要素。显然，无聊自身并不足以促使一个正常人做出如此可怖的行为。无聊带来的信号是，我们的头脑空空如也，我们也并非自己生活的主人。这种感觉会导致我们向外发泄，并且寻求极端形式的权力。

作为对无聊的回应，犯罪、愤怒、敌意和暴力可能会起到双重甚至三重作用。这些行为也许会增强我们的力量感，而当我们感到无聊时，力量感就受到了威胁。当我们发泄的时候，我们可能并不是通俗意义上的“失控”，但发泄的后果是显而易见的——我们造成了破坏。另外，愤怒和犯罪也许会激发我们从无精打采的状态中振作起来。无聊和乏味常常让我们处于低唤醒状态，如果我们想要从这种能量低谷中调整过来，攻击行为肯定能让我们血脉偾张。最后，敌意让这个世界看起来更有意义，从而在短期内降低无聊水平。

因无聊产生的攻击和敌意有时是有针对性的。像我们之前讨论的那样，无聊的人给属于他们文化群体的人判罚的刑期较为宽容，而给不属于同一文化群体的人判罚的刑期更为严格。研究发现，沙文主义——民族主义的极端形式——会在一个人生活的意义和目标受到威胁的时候出现。[45]对不认同的人心怀敌意，而对同一族群的人心怀好感，这让世界变得简单易懂。对外人的攻击形成了一种自信强大的感觉，并且减少了焦虑，

而且有一种世界变得更加简单、更易于理解且更稳定的错觉，即使这种世界观在道德上本应受到谴责。[46]我们会在第七章深入探索无聊和意义之间的联系。我们的观点是，至少某些形式 104
的攻击可被视作纠正与无聊相关的意义的缺失的尝试。

我们想要的，也是我们最终所需要的，是能感觉到与这个世界以一种有意义的方式连接在一起。当我们积极地参与世界时，我们会做到最好：利用我们的认知能力，表达我们的想法，掌控周围的环境，来让这个系统运转起来。相反，无聊意味着一种脱节的状态，这让我们更容易遭遇一些问题。[46]研究已经证明了抑郁和无聊倾向之间的联系，而这种联系也许反映了这种脱节的内在后果。

经常感到无聊的人也更有可能和抑郁症做斗争。[47]乍一看，抑郁和无聊也许看起来有很多相似之处，以至于难以分辨。但是二者是不同的。抑郁被定义为悲伤和无法感到愉悦，它与消极的自我评价和关注负面的生活事件的倾向有关。相反，无聊被定义为想要参与到外部世界但又无法满足这种欲望的迷局，它是一种时间被拉长的感觉，伴有注意力集中困难。与抑郁相反，无聊与我们对外部世界的负面评价、情绪意识的缺失以及烦躁和怠惰的混合情绪有关。很显然，无聊和抑郁是两头不一样的野兽。[48]

那么，无聊倾向和抑郁之间的关系该如何解释呢？有些研究表明，无聊倾向和抑郁是一个随着时间的推移慢慢显现的恶性循环的一部分。迈克尔·斯佩思（Michael Spaeth）及其同事[49]对七百多名青少年进行了为期五年的跟踪调查。每年，
105 他们都会询问被试的抑郁和无聊倾向。结果显示，抑郁和无聊倾向每年都会相互强化，但并不清楚谁先谁后。但是，我们小组进行的为期八周的实验并没有得到任何可以证实抑郁预测无聊倾向的证据。此外，我们也发现，当人们因开心或者悲伤的回忆而产生情绪变化时，这些变化对无聊程度不会有影响。[50]这项研究的研究人员之一询问了一些慢性衰弱性抑郁症住院患者的无聊经验。从他们的描述中可以明显看到一种模式。他们报告称，自己对无聊感到**害怕**。对他们来说，无聊是抑郁来临的前兆。无聊时，他们与这个世界的联系被切断了。他们停止了对于活动和他人的热情投入，当这种感觉到来时，他们转向内心，开始沉思。他们开始对自己有负面的想法，随着时间的推移，这些想法转化为完全的抑郁发作。所以，总体来说，证据可以有力地证明无聊会引起抑郁，但反过来则不是。无聊也许会让一个人更容易陷入沉思和消极的自我关注，因为他们持续地挣扎，想要参与到这个世界中，最终在绝望中屈服，以此回应持续的失败。

另一种可能是，无聊倾向之所以和抑郁有关，是因为两者都是由某个第三方因素引起的。这个想法与斯佩思及其同事的另一项研究发现一致。他们发现，抑郁和无聊在更大的时间尺
106 度上遵循相似的发展轨迹。这表明它们也许有共同的发展因素，

或许是一个更大的症状的组成部分，而这个症状随着时间的推移才会逐渐显现。这个共同因素也许是感觉生活没有意义和目标，也可能是无法建立和执行有意义的生活计划。这可能是抑郁和无聊倾向背后的驱动力。[51]我们小组的研究结果也符合这个可能性。人生意义的缺失似乎增加了无聊状态。[52]虽然抑郁和无聊倾向可能是由于意义缺失引起的，但要证实这种可能性还需要更多研究。

尽管我们并不知道无聊倾向和抑郁是如何联系在一起的，但不幸的是，我们评估自己的心理健康时显然经常忽略无聊。然而，无聊可能在许多心理疾病中起着关键作用。[53]一项研究发现，无聊倾向对癌症病人的生活质量所带来的负面影响甚至超过了抑郁症。此外，当这些人开始抗抑郁治疗后，虽然他们的心情变好了，但是明显的无聊倾向并未得到改善。[54]这些惊人的发现进而支持了这一想法：无聊倾向和抑郁是两个不同的问题，且无聊需要不同的干预手段。仅仅认为无聊和抑郁症相关是不够的。

虽然无聊本身并不直接引起任何问题，但反方的理由似乎也很充分。无聊不仅诱使我们伤害自己和他人，有时也会让我们变得更冲动、更敏感，更容易受到和世界脱节的压力的影响。显然，适当地应对无聊绝非易事。但是，研究人员发现无聊至 107
少有一个好处——刺激我们的创造力。[55]

入选摇滚名人堂的保罗·巴特菲尔德蓝调乐团有一位成员

叫迈克·布卢姆菲尔德（Mike Bloomfield），他曾震惊于一名吉他手的天才技艺：这位吉他手用左手弹奏芬达牌电吉他（而这款吉他是右手款），为了配合自己左撇子的弹奏习惯，他将琴弦从第一弦到第六弦全部反过来安装。演出结束后，迈克·布卢姆菲尔德把吉他手吉米·亨德里克斯（Jimi Hendrix）逼到角落，问他："你以前都躲在哪儿呢，伙计？"亨德里克斯答道："我一直在奇特林巡回舞台表演啊，我快无聊死了。都没看到其他吉他手有什么新东西，我无聊透了。"[56]亨德里克斯的回答暗示，无聊到极致的确可以带来益处——创造力。

但我们可以从数据中看到什么？能够实际证明无聊可以导致创造力爆发的研究少之又少。有一项研究表明，当无聊时，我们创意写作的能力将大幅下降。不幸的是，这项研究没有设置对照组，研究人员没有诱导被试感到更无聊或更不无聊。[57]在另一项研究中，研究人员诱导被试进入各种状态，包括无聊。当无聊的被试和开心的被试分到一组时，被试的创造力增强了。[58]但是这项研究并没有区分这两种非常不同的心理状态。最后，在中央兰开夏大学的桑迪·曼恩（Sandi Mann）和丽贝卡·卡德曼（Rebekah Cadman）所做的一项研究中，他们通过让被试抄写或阅读一本电话簿中的电话号码来诱导被试感到无聊。之后，他们让被试尽可能多地想出一个塑料杯的用途——这是一个经典的研究创造力的实验。[59]更多有创意的答案来自那些感到无聊**以及**那些报告自己会做白日梦的被试，而非那些没被电话簿折磨的被试。就像上面提到的区分无聊和开心一样，这项研究也无法得知创造力的关键是无聊还是白日梦。归根结底，当我们在做白日梦的时候，我们已经不无聊了；恰恰相反，我们投入了内心的遐想。

因此，还没有明确证据可以表明无聊引起创造力。就像无聊不会让你成为杀手一样，它也不会让你变成一个创意天才。这就是关键之处。无聊是一种我们想要驱赶的负面感觉，但是它本身并不能让我们的行为变好或者变坏。我们可以说，感到无聊的**能力**能够把我们推向创造力和创新，这种说法是有道理的。不安于现状的亨德里克斯永远地改变了吉他演奏的世界。不过，我们严重怀疑，在创作《性感女人》（*Foxy Lady*）的时候，他正处于无聊的煎熬之中。

无聊是精神上得不到满足，是一种不舒服的感觉，它促使我们采取行动。想要什么样的行动都由我们自己决定。我们可以用喝酒或者吸毒的方式来应对，或者对这个世界肆意发泄。抑或是像亨德里克斯那样，拾起吉他，做点美妙的事，然后，无聊就不见了。在创作的时候，亨德里克斯并不无聊，因为他深深地参与到吉他弹奏和音乐中，与它们产生了深刻的连接。实际上，这种连接是无聊的天敌。当无聊时，我们失去的就是这种连接，我们变成一座孤岛，和周围世界越来越远。正如社会学家皮特·康拉德（Peter Conrad）说的那样："无聊并不在外面，它就在外面和我们之间……［无聊］是与当下的隔绝。"

第六章

极端环境中的无聊

· · ·

墙壁上空空荡荡，这栋建筑仿佛迷宫。太奇怪了，以至于 109
你都怀疑找到目的地本身就是个实验。

最后你还是找到了P4040房，敲了一下门，心里不只是有点紧张而已。你的室友上次坚持了三天，但你不确定自己能否搞定。一个实验室的管理员来应门，让你坐下，开始解释这个实验。

你会被安排到一个小单间里，只能在吃饭和上厕所的时候出去。白色的灯光把房间照得很亮，空调一直开着，狭小的屋子里回响着机器运作的嗡嗡声。房间里只有一张小床，其他什么都没了。你会被要求戴上不透明的眼镜，虽然你可以睁眼，但是你能看到的只是整齐划一的白色。最重要的是，你必须戴上一双奇怪的手套，这副手套会限制你的活动，还会限制你的触觉。你甚至没法给自己抓痒。

“我们想了解人类是如何应对单调乏味的环境的。你有什么问题要问吗？”

你紧张地摇摇头，快速地上了个厕所，想着要不要在实验开始之前出去跑个步。

一旦安顿在那个房间里，你的头脑也就开始平静下来。**这
110 不是很糟**，你想着。但不久后你的思绪开始游离。你想着自己的课业任务和周末想去的派对。最终，你沉浸在怀旧的沉思中，回想着你一生中的一件件事，比如，小时候哥哥教你骑自行车。你试图描绘出更多细节。你在床上辗转反侧，无法平静。在某个时刻，你想到，**实验已经开始多久了**？随后你又陷入神游，你发现自己很难专注于一条思路。一个想法打断另一个想法，总是这样。

然后，你看见了它。起初只是一团阴影，很快变成一个人的样子。高高的，可能穿着一件长风衣，其他细节看不清楚，却是潜伏在暗处的威胁。这是真的吗？**这也是实验的一部分吗？**你的呼吸变得急促。是时候叫停实验了。

· · ·

由麦吉尔大学的唐纳德·赫布（Donald Hebb）、伍德伯恩·赫伦（Woodburn Heron）及其同事主导的感觉剥夺实验在20世纪50年代首次发表。这项研究的目的本来是探索人们面对单调的行为反应。然而，实验设计远远超出了当初的设想，他们剥夺了被试的所有感觉。除了单调之外，孤立——环境上的

和心理上的——也是无聊的一个组成部分。[1]

正如第二章提到的那样，单调的确是无聊的主要驱动力。
对于赫布和赫伦来说，为了单调而研究单调只是烟雾弹。他们
这些奇怪实验的背后的真相全然不同。加拿大、英国和美国的
情报机关想知道战俘为什么会转而拥护与以前不同的信念。赫 111
布偶然被邀请出席了一场会议，他觉得也许感觉隔离能够达到
这个目的。[2]此后，他就设计实验来验证这个想法。实验结果对
人类如何应对稀疏的感觉刺激有着深远影响。

赫布和赫伦的实验结果显示，我们有着以一种自主的方式和环境交互的需求。摆脱无聊不仅仅是摆脱单调，也不仅仅是寻找意义（我们将会在下一章阐述这一点）。摆脱无聊也在于找到和世界、和他人交流的方式。在赫布和赫伦的实验中，被试大概是因为实验奖励才留下，一待就是好几天。不管待了多久，大多数人很早就睡下了。对无事可做的被试来说，睡觉是个可行的选择。一睁开眼，发现自己的世界没有任何变化，最常见的感受就是不安。

此外，被试通常无法形成清晰简明的思路。空荡荡的屋子里没有任何感官刺激的引导，思绪飘忽不定，无法成形。集中精力将发散的想法整理成有意义、有逻辑的思路是很难的。我们需要感到和世界的连接，需要和能刺激我们感官的事物接触。没有这种连接的话，我们的认知系统无法正常运作。随着时间的推移，被试出现各种各样的幻觉也很常见，正如执飞长途航

112 班的飞行员常说挡风玻璃上出现了大蜘蛛一样。起初，赫布和赫伦想知道通过感官剥夺和关于超自然现象的“宣传”能否使被试改变信仰。也许这就是给战犯洗脑的方法？经历过这个实验的被试的确更愿意相信超自然现象。这种信仰的改变是否会长期持续？这个方法也能说服战犯改变意识形态吗？这些问题都不清楚。

在感官剥夺这种极端情况下，我们和世界是脱节的。与外界隔绝的我们的认知系统变得衰弱，甚至不能从专注的白日梦中获得解脱。因为精神上没有投入，感官剥夺留下的只有无聊。除这些研究之外，我们还发现，在其他同样极端的情况下，孤立和无聊是一对不快乐的伴侣。这一发现强调了无聊不仅是对行动的呼唤，也是人类的基本需求，即与他人联系在一起，并成为自己故事里的主角。当这些需求无法被满足，我们就会觉得自己是多余的，并最终感到无聊。

极端环境

人类生来就是探险家。当看到落基山脉的奇观，谁不会怀有攀登的欲望？当看到一望无垠的湖泊和大海，谁不会好奇对岸的风景？无论这种探险的欲望是出于发现新边界的天生的动
113 力，还是不安分的好奇，想亲眼看看山脉背后或者海对岸的风景，抑或仅仅出于对名利的追求，我们不断地把自己推向地球

的尽头甚至更远的地方。山川湖海之外的世界和银河宇宙的边界向我们发出召唤。[3]有时，这引导我们去探索地球上最贫瘠、最荒凉的地方——北极和南极。在这些地方，除了极端环境带来的可怕的生理挑战之外，还有感官刺激的单调以及生存方式的僵化。地图制作者想象古代地图的空白区域有怪物存在，但他们没有预料到，孤立和无聊的恶魔会折磨那些探索这片土地的人。

想要研究在极端环境（有时被称作隔绝封闭环境）中探索和生活对人的心理的影响，会面临很多困难。[4]这一类目的不在于心理学研究的任务很少。研究小组的成员通常不多，其背景也很多元，所以研究成果很难为大众所知。这种任务有很大风险，每一次探险都面临着截然不同的、会影响到小组成员心理情况的挑战。所以我们必须谨慎对待他们的研究成果。

1898年，由挪威建造、比利时委派的“贝尔吉卡号”轮船可能给了我们第一个提示：极端环境的孤立性和封闭性也许能引起无聊。“贝尔吉卡号”是第一艘在南极越冬的轮船。对船上的美国医生弗雷德里克·库克来说，短缺的物资和坏血病随时随地的威胁都没有单调的生活以及缓慢的时间令人印象深刻。他写道：“我们被囚禁在无尽的冰海中，目之所及尽是乏味单调。我们已经讲遍了所有故事，不论是真是假，对我们来说都没什么不同。随着黑暗慢慢涌入，时间对我们来说越来越沉重。”[5] 114

一位船员受够了这种与世隔绝的生活，他离开这艘被冰困住的船，声称自己走都要走回比利时！在这个故事中，我们看到，很多因素都是培育无聊的肥沃土壤。首先，由孤立而产生的单调：既存在于外部环境（无尽的冰海）中，也存在于可供选择的活动（所有故事都被讲遍了）中。其次，时间过得很缓慢，而周围环境并没有什么明显改变。库克医生并未提及的是，船上所有人都面临着自主权的彻底消失：这艘船的命运并不由他们自己决定，而个人的行动也很难对结果产生什么影响。近期的一些从太空到极地的探险活动也会给组员带来很大的心理压力，分析对这些压力的抱怨证实了上述这些因素。细数这些迥然不同的环境，对人们最普遍的挑战包括自主权或对控制力的丧失、人际交往的矛盾以及由无聊引起的不安。[6]

一些人认为，隔绝封闭环境型任务有不同的阶段，这些阶段会带来不同的心理特征。焦虑是最早期阶段的特征，中期则伴随着抑郁和无聊，后期则表现为幼稚的行为和胜利就在眼前的狂喜。[7]这些研究都普遍支持一种观点：当无聊产生时，它被
115 形容为不安——想要做些什么但又被环境所困。与家人和社会隔绝，又被囚禁在如此严酷和荒凉的环境中，二者的结合加剧了这个问题。

除此之外，性格差异也有影响。那些较容易接受新环境的人往往在封闭的环境里也能从容自如。那些神经过敏的人——我们现在已经知道这种性格的人容易感到无聊——过得就不会

有多么舒坦。[8]有趣的是，对刺激的**较低**需求在极端环境下能够让人们不那么无聊。这暗示了在组员和环境之间找到一个好的平衡点是一项挑战。如果你是那种无时不刻想来点新意或者改变的人，那么没有归期的北极苔原探险并不适合你。

需要注意的是，隔绝封闭环境里的一切并不都是坏的。如果你对新的体验的态度是开放的，那么这种探险还是有益的：对天地的广袤和自身的渺小的喟叹。这强调了性格特征和应对这类极端环境（以及应对无聊）的能力之间的联系。相较于那些神经高度过敏以及渴望改变的人，那些拥抱新体验和对外在刺激的需求更低的人更不容易感到无聊。有关个人体验敬畏的能力的研究很少。[9]回想一下你第一次踏入一座宏伟的哥特式教堂或者是站在大峡谷边缘的感觉。文字也许略显单薄，但是你的感受绝对是敬畏的。对于那些能够在广阔但也单调的环境中感受到敬畏的人来说，无聊可能就不算什么挑战了。这是好事，因为在如此极端环境下的无聊可能有严重的影响。 116

有一项研究表明，在航天任务中，注意力和精神运动功能会随着时间的流逝而下降，然而心算能力和记忆力则不会如此。[10]我们知道无聊和注意力不集中的关联很强，所以就我们对无聊的理解而言，这个发现并不意外。但是它的确反映出，极端环境下的无聊有严重的后果。当环境对警惕性的要求很高，手头的任务却是例行公事时（单调乏味的环境的信号），无聊对成功是不利的（第五章）。

战场则是另一种极端环境，反直觉的是，无聊也许能起到作用。如同那句谚语所说的，战争是持续几个月的无聊，期间有些恐怖的时刻。这表明无聊是在不同的时期产生的。[11]维和团队的情况也大致如此。

一项有关20世纪90年代在南斯拉夫执行任务的美国维和部队的士兵的心理压力的研究显示，有五种关键的心理因素：孤立、模糊、无力、危险或威胁，以及无聊。[12]虽然任务截然不同，但正如极地和太空探险一样，与家人隔绝的孤独、失去自主权的感觉以及无聊在战场上也是无处不在的。在所有这些任务中，无聊更有可能在任务中期出现，一直延续到后期。无聊和枯燥的工作程序有关，在士兵眼中，这是指没有意义的
117 “忙活儿”——也就是，为了做事而做事。铺床、叠制服和擦军靴对战斗来讲并不是真正必要的，但这些事能够很好地打发时间，尽管它们很无聊。我们需要采取行动，但仅仅是随便某个行动是不够的。正如我们在第二章里面简要提到的，自主决定是至关重要的。强迫要做的任务，或者说并非我们所渴望的活动，都
118 让我们感到不值得，因此也并不会投入。被没有意义的任务而非我们认为有价值的事情占据时间一定会带来令人窒息的无聊。

消磨时间

单独监禁则是另一种形式的隔绝。这是最早在19世纪的美

国开发出来的一种监狱模式，称作宾夕法尼亚模式，它提倡隔绝所有犯人。这种模式并不仅仅是将犯人和社会隔绝开来，还要将犯人单独隔离，据称是为了适于犯人忏悔的需求（所以监狱又称“penitentiary”[1]）。[13]最高法院1890年的一项判决强调，这种模式会产生很多有害影响。然而，这种监狱模式今天仍以各种迂回的方式存在，包括“安全住宅单元”“行政隔离”“安静室”“通信管理单元”等。[14]

单独监禁不仅仅会引起无聊，它也会让我们管理思绪和行为变得更为困难，就像赫布和赫伦感官剥夺实验中的被试那样。这也让问题变得更加复杂，当自控力和自我管理能力变弱，无聊一下子更具挑战性。试想一个人一天当中有23个小时被关在牢房里，他很难将思路串联起来，也很难从生活经验中找到意义。显然，自主行动的渠道很少，甚至没有。感官剥夺的程度和时长与负面的心理影响有关。[15]这些影响包括愤怒、压力和 119
注意力不集中，其中很多都是无聊的温床，而无聊在这种情况下非常明显。[16]

近期，发生在加拿大的一些案例反映了单独拘禁最极端的后果。阿什利·史密斯（Ashley Smith）用衣服绕住喉咙，在狱中自缢而死，而看守得到的指令是，在牢房外看着她，只要她还有呼吸就不要干预。她已经被关了28个月的禁闭。亚当·卡

[1] 忏悔（penance）和监狱（penitentiary）的词根相同。

佩（Adam Capay），一个在19岁时被控一级谋杀的原住民男子曾被单独拘禁超过四年——独自关在一间牢房，每天23个小时都开着灯。据称，他时而意识模糊时而清醒，经常用头撞墙。这些情况明显对心理健康无益。[17]

2004年的数据显示，美国当年有25 000名罪犯被单独拘禁。当前数据在8万到10万之间。[18]当社交被严格限制，当可供消遣的书本和书写工具短缺时，监狱生活完全由外部环境决定。罪犯每天只能指望吃饭和有限的放风时间。处于隔离中的我们并不能掌控自己的命运。在隔绝的极端条件下，我们能做的任何动作并非由自己而是由强加在我们身上的规定来决定。对于这种依靠外部规范生存的真实描述可以参考克里斯朵夫·伯尼（Christopher Burney）的记述，他是一名“二战”战犯，对自己五百多天的单独禁闭生活进行了描述。伯尼根据送
120 餐时间和照进牢房里的少许阳光来规划自己的一天。他强迫自己保留早晨仅有的一点口粮。做不到的时候，他的情绪就会一落千丈。外部规范是严格的，无法自我控制则令人崩溃。伯尼的禁闭生活反映出了对惯例和规律的需求的另一面——对多样性的渴求。正如他所言：“多样性并不是生活的调味品，而是生活本身。”[19]

但是，对那些被监禁的人——而非那些被单独关在一间牢房里缺少社交的人——来说，他们的无聊情况如何呢？这样的监禁仍然使囚犯与社会隔绝，远离家人和社交网，并强迫他们

遵守严格的行为规范，限制了自主权。在一项有关丹麦的被监禁的青年的民族志调查中，对被关押的年轻人的观察表明，无聊渗透进了他们生活的方方面面。[20]这群年轻人自述无聊是最普遍的心理体验，他们觉得每天发生的事情和任务完全没有意义，也感到自主权被剥夺。这项研究中的丹麦囚犯描述了他们如何反抗那些强加给他们的规定，如何进行各种形式的罢工。这些夺回些许他们被严格限制的自主权的尝试，是他们对无聊的直接回应。

可悲的是，许多囚犯自述，是无聊以及想要寻求刺激的欲望让他们惹上了麻烦。正如我们之前所概述的那样，高水平的无聊倾向与更高程度的冒险和刺激寻求相关。在某些情况下，121
这会导致犯罪行为。[21]无聊是监狱生活的一部分，这一点在对英国成年囚犯的研究中也有显著体现。同样，在这里，外部强加的对日常生活的规制是部分原因。[22]囚犯无法控制发生在自己身上的事，他们被各种规定他们可以/不可以做什么的外部规定压制着，而且感到自己在监狱中所做的事没有任何更宏观层面上的意义可言，所有事情都仅仅是“消磨时间”。实际上，对监禁的通俗表述“doing time”（坐牢，字面意思是“做时间”）很是恰当，因为犯人除了掰着指头数算出狱时间以外无事可做。没有具体的奋斗目标，也无法参与有意义的活动，时间就会拉长，无聊成为生活的主导。时间本身并不是恶魔。相反，事实是，在隔绝封闭的环境中，我们的能动性——影响日常生活的能力——被剥夺了，以至于时间变成唯一重要的事。

两个宇航员的故事

我们在本章中已经看到，从极地探险、太空飞行到监禁，在隔绝封闭的环境中，无聊滋生。然而，它不一定是这种环境的必然后果。个人对封闭环境的反应至关重要。短暂的无聊对我们来说既不是好事也不是坏事，我们对无聊信号的反应才决定最终结果。我们在本章中强调的是，各种各样的隔绝环境限制了我们做出反应的选择。而当这种情况发生时，无聊就会变
122 得更难克服。两名宇航员——一名加拿大宇航员和一名苏联宇航员——的经历强调了我们如何应对隔绝环境的重要性以及隔绝环境可能导致的无聊。

20世纪80年代初，苏联宇航员瓦伦丁·列别捷夫（Valentin Lebedev）写了一本日记，记录了他在太空中度过的211天。211天在当时看来是创纪录的时间。这一航行任务于1982年启动，列别捷夫的日记中充满了太空隔绝环境带来的焦虑不安。他非常诚实地评估了他和他的队员们所面临的挑战，他们常常陷入担忧之中，也常常陷入对自己的短处的反思之中。正如此前提到的，宇航员在执行此类航天任务时的初期阶段往往十分焦虑，而列别捷夫也很坦诚地写下了自己的经历。他自述，他担心任务不会成功，一直“很紧张”。列别捷夫谈到了时间变得漫长的感觉；在执行任务仅一周后，他写道：“烦闷的日常工作已经开始了。”就像那位被监禁的丹麦青年和南斯拉

夫的维和士兵一样，列别捷夫自述，他做着听上去“繁忙的工作”——“地面控制中心布置了一大堆虽然挺重要但又很无聊的小事”，而“FCC［飞行控制中心］谈论着琐碎的事情”。[23]

列别捷夫的经历与加拿大宇航员克里斯·哈德菲尔德（Chris Hadfield）的经历形成了鲜明的对比，后者在2013年初担任国际空间站指挥官期间通过推特一举成名。哈德菲尔德同样也经历了许多身体和工作上的挑战，但并未提及丝毫焦虑感。[24]在描述他在空间站的时光时，哈德菲尔德指出，即使在最简单的任务中，他也可以轻而易举地找到这项任务的目的和意义。对他来说，连在空间站里修理马桶管道也是有价值的。 123
哈德菲尔德保持着从最平凡的事情中找到目标和挑战的能力，这种技能也许在他担任宇航员之前就有了。

哈德菲尔德声称自己从不感到无聊。他自述，童年时期，他在安大略省南部的一个农场里耕田，从中得到了极大的满足感。耕地的进度显而易见，且令人满意。相较之下，耙地——把土壤耙碎再弄平整——对他来说就不是那么愉快了。你转身看向拖拉机后面，是和前面一样的褐色土地，你感到没有进度，更没有成就感。这凸显了一个事实，致力于一项任务并不足以抵御无聊——我们还需要看到并重视我们的行动成果。但哈德菲尔德并没有让自己坠入耙地带来的无聊状态中，他给自己设定了一个挑战——看看在做这项平凡的工作时，他能憋气多久。“你的大脑大概有30%的部分用在主要任务上，剩下的部分则可以专注在别的事情上。”[25]

显然，两位宇航员对单调的反应截然不同。哈德菲尔德找到了充分占据自己时间的方法，而列别捷夫则无法从单调的任务中分散注意力。当收到补给船送来的一台摄像机时，列别捷夫说：“很快，我们就用上录像机，这里就不会那么无聊了。”对列别捷夫来说，孤立感——本章的基本主题——是普遍存在的。他感叹与家人的分离，写下“我的一切都留在地球上”。[26]这种想法反映了一种与有意义的社会交往脱节的感觉。[27]列别捷夫和哈德菲尔德一样都是卓越的宇航员。他独特而坦诚的见
124 解很可能极大地影响了现在的太空任务的部署方式。公平地说，列别捷夫也经常赞叹宇宙之壮丽。但在他的敬畏之中，他也常常自述沮丧、无聊，乃至抑郁。[28]在太空中待了五个月后，列别捷夫感叹道：“我们对工作的兴趣正在消退。我甚至不想再往舷窗外看了。”与之相反，哈德菲尔德却说，望向窗外，是他在空间站每一次闲下来时都要做的事。

焦虑、孤独和例行公事都会使人心力交瘁。此外，列别捷夫频繁描述一种沮丧的感觉，这是由于地面控制中心常要求他们做一些他认为无用的小事。地面控制中心还不停地询问他的健康状况，这让他感到烦闷，觉得自己没有自主权。这种缺乏自主权的情况甚至在他所依赖的仪器设备上也有体现，他写道：“我们不是设备的主人，而是它的奴隶。”[29]

列别捷夫和哈德菲尔德对太空生活的描述的对比，说明

了我们所说的人与环境的契合度。列别捷夫是科学和太空旅行的先驱，但他发现太空中的隔绝环境是非常具有挑战的。哈德菲尔德能够减轻这些挑战。隔绝或例行公事本质上并不无聊或令人沮丧。重要的是我们对它的反应。在这一切背后潜藏着我们的双重需求，一是要最大限度地发挥自己的能力，二是要找到精神投入的方式。如果我们被隔离在一个极端的环境中，这些需求很难达到。单独关押的囚犯是最鲜明的例子，说明与正常的社会交往的隔离如何阻碍了我们锻炼技能和表达欲望的能力。在这种最极端的情况下，一个人几乎没有任何事情可做，
这种长期隔离对心理健康有极其不利的后果。同样，被训练从 125
事高风险活动的士兵，对于被迫从事仅仅是为了填满他们时间的单调的“繁忙工作”，也不会有很好的反应。在所有这些情况下，我们**想要**做的事或我们**知道我们可以做**的事，与环境或当前处境**允许**我们做的事并不匹配。无聊则是这种不良的人与环境契合度的一个突出结果。在这样的时刻，当我们无法锻炼自己的技能和表达自己的欲望时，当我们被迫做自己不想做的事情时，当我们无法持续投入可做之事中时，一种压抑的无意义感慢慢地、恶狠狠地潜入我们心中。

第七章

找寻意义

· · ·

这个讲座的题目看着挺吸引人。但十五分钟过去了，你甚至连题目都想不起来了，好像与泰晤士河的细菌生态学有关，虽然跟你的专业领域不那么相关，但至少也沾得上边，值得一听。或者说你是这么想的。 126

讲座伊始，你就很专注，也期待着快点开讲。讲座的介绍本身很是吸引人且有意义。但不知怎的，整个讲座的重点已经解开了；也许是演讲者慢吞吞的节奏惹的祸，也许这个话题对你来说有点太前沿了。不管怎样，现在你发现自己在座位上摇摇晃晃，前一秒还低着头，后一秒就向前倾，把头抱在手里。你环顾四周，费解的是，有些人似乎陶醉在你认为漫无目的且毫无意义的讲座中。也有一些人显得焦躁不安，无法端坐。

这时你发现，你的同事高尔顿博士坐在前面一排右边的座位上。他正在记笔记，你的目光越过他的肩膀，小心翼翼地窥视着他的笔记，想知道他从这个冗长乏味的讲座中获得了什么知识。

127 而高尔顿似乎在勤奋地观察听众，而不是关注演讲者。他到底在做什么？你扫视观众，想看看他看到了什么。

后来，当你碰到高尔顿时，你问他当时在做什么。

“我是想看看听众对演讲的满意程度，亲爱的。我并不觉得这个讲座十分吸引人，你从我的坐姿就能看出来。我意识到我不是一个人。当我们的同事们被细致入微的信息深深吸引的时候，他们坐得很端正，身体几乎一动不动。而当这个可怜的家伙讲到泰晤士河边那条泥泞小径的土壤成分时，我们的同事开始坐立不安，左右摇晃。”

高尔顿没有选择把时间花在演讲本身，而是专注于他惯常从中得到乐趣的事情——衡量人类的行为。[1]

· · ·

我们生活在一个充满解释的世界里：我们所看到的、闻到的、听到的、尝到的和触摸到的一切，都被我们赋予了意义。我们看到规律，也看到目的、价值和意义。我们判断感觉的好坏。我们耗费资源，浪掷大量的个人时间，在某些情况下还会放弃我们的生命，所有这些都是为了追求意义。消防员冒着生命危险，恐怖组织犯下无数暴行，超级富豪捐出他们的大半资产。也许我们各自的答案不尽相同，但似乎没有人会放弃赋予
128 我们的人生体验以意义。无聊是这一核心需求的组成部分。它

告诉我们意义的缺失，并且激励我们重新找到意义。[2]

卑尔根大学的拉斯·斯文森（Lars Svendsen）认为，我们“生活在一种无聊的文化中”，其反映的是更广泛的社会意义危机。他指出：“我们可以把无聊比喻成一种意义的撤退。无聊可以被理解为一种不适，这种不适传达的意思是：意义的需求没有得到满足。”[3]

维克多·弗兰克尔[1]对纳粹集中营悲惨生活的记述，也许最为深刻地展现了我们人类所拥有的寻找和发现意义的动机。他所说的“追求意义的意志”对于一个人熬过惨无人道的境遇而言至关重要。此外，这种追求意义的意志不仅是生存的关键，也是人类繁荣的关键。当意义缺失时，我们的内心只留下虚无和空洞，或者说是弗兰克尔所称的“存在的真空”。根据弗兰克尔所说，意义的缺失是人类许多痛苦和不幸的根源。他认为，无聊是核心问题——“存在的真空主要在无聊的状态中向我们显现。”[4]

长期以来，哲学家、神学家和作家一直在挖掘这些主题。例如，莱茵哈德·库恩（Reinhard Kuhn）在他的经典著作《正午恶魔：西方文学中的无聊》（*The Demon of Noontide: Ennui in Western Literature*）中深刻地追溯了历史上的“无聊”概念，探

---

[1] 维克多·弗兰克尔（Victor Frankl，1905—1997），奥地利心理学家，也是大屠杀的幸存者。被关押在集中营的不幸经历促使他开创了“意义疗法”。

索它是如何反映和塑造我们的现实的。[5]相对而言，科学家们的研究要晚一些。那么，关于对意义的渴求和无聊之间的关系，近期的相关研究可以告诉我们什么？

意义缺失

129 伦敦大学国王学院的社会心理学家维加纳·凡·蒂尔堡和他在利默里克大学的导师埃里克·伊古是从实验的角度研究无聊和意义之间关系的领军人物。在他们的初期研究中，他们要求人们回忆一段无聊的时光，以及感到悲伤、愤怒和沮丧的时刻。在另一项研究中，他们通过让人们抄写有关混凝土的书目来引起无聊。在每一个案例中，无聊都与无意义的感觉有着独特的联系。[6]对于凡·蒂尔堡和伊古来说，无聊由意义缺失定义。

在我们看来，如果一个人感到无聊，他们便会觉得正在发生的事情毫不重要且没有意义。这种意义的缺失，是由于人们当下没有参与到某个他们渴望的活动中去。如果你的工作是第三章提到的汉弗莱·波特那样的任务——在精确的时间按下一个按钮，过一段时间再按另一个按钮——很难想象你能在这种单调的劳动中找到意义。然而，我们认为，一项可以使我们全心投入的活动（因而也不会引起无聊）也可能会是缺少意义的。换句话说，无聊和场景性的意义缺失之间的联系是不对称的。

研究者还探索了更广泛的人生意义与无聊之间的联系。为
了说明场景意义和人生意义之间的区别，想象一下那些总是觉
得自己的生活有意义也很有目标的人。他们有一套完整的价值
观和信念，使他们的人生经历有意义，并指导他们的行为。然
而，周六早晨在杂货店排长队时，他们会觉得自己是在浪费时 130
间，做着无意义的事。我们可以说，这些人有充足的人生意义，
但觉得排队缺乏场景意义。关键的区别在于无意义感的参照点。
在一种情况下，这个参照点是一个人的全部生活，而在另一种
情况下，这个参照点与特定的场景相关。需要说明的是，这两
种情况的明确界限并不总能轻易找到。一个情况可能会渗入另
一种，有时不易觉察，有时则比较明显。设想一下，你要在工
作时干一些很琐碎的事务，比如以十五分钟为单位记录当天的
活动，以便开具账单。总体上，你是喜欢你的工作的，认为它
让你的人生更有意义，但在记录活动这个具体的事情上，你可
能会怀疑自己的信念。无论如何，我们认为这个区分对于理解
无聊和意义之间的关系十分重要。

觉得自己的生活缺乏意义的人也经常感到无聊。[7]年轻人和老年人都是如此，可以用直接和间接的方式来定义和衡量生活的意义。在研究中，从事政治活动的人较少报告感到无聊，而那些实现了他们的目标（政治或其他领域）的人也有较低的无聊水平。[8]

在我们小组的研究中，我们发现，人们对人生是否有意义

的信念可以预示他们在未来感到无聊的可能性。[9]这一发现很重要，因为它表明无聊和意义的关联**随着时间的推移**显现，并指出对于人生意义的信念可能会导致无聊。我们的发现得到了其
131 他研究的支持。例如，在临床案例研究的基础上，研究者们注意到，那些经常感到无聊的人的特点在于，他们都没有找到一个能给他们的生活带来意义的大型计划。[10]并不是说我们每个人都需要通过建立一个估值数百万美元的计算机软件帝国或者创建一个慈善组织来找到人生的意义感，但是一些更广泛和长期的目标是有帮助的。

杜肯大学的理查德·巴格迪尔（Richard Bargdill）认为，在重要的人生计划上做出妥协是造成长期无聊的关键原因。[11]他深入采访了那些经常感到无聊的人，发现他们始终对自己曾放弃过一些重大的人生计划而耿耿于怀。他们声称是其他人和人生境遇（如糟糕的老师或疾病）阻碍了他们追求自己的梦想和目标。但在更深的层面，他们也对自己放弃人生计划而感到愤怒。他们无法全身心地投入生活中，因为他们没做自己真正想做的事情。此外，他们对未来生活满意度的前景也会变得悲观。最终，随着时间的推移，他们变得更加消极、防备和畏缩。

这样的研究提供了一个吸引人的暗示，即缺乏人生意义会**导致**无聊。然而，两者之间只有相关性，就像所有初出茅庐的年轻科学家都知道的那样，相关并不意味着因果关系。我们无从得知，人生意义和无聊为何会相互关联，其答案是否藏在研

究人员尚未涉足的一系列其他因素中。

因果关系的问题很难检验。通过实验改变一个人生命中的有意义的事件，比如婚礼、葬礼和孩子的出生，是不道德也不 132
可能的。然而，研究者可以让人们思考他们在过去某个时刻里感受到的人生意义是高还是低。这样做会暂时改变他们对人生意义的想法和感受，然后我们可以了解这是否会影响他们当下的无聊感受。

我们把被试带到实验室，告诉他们关于人生意义的细致定义。接下来，我们让他们回忆并简要地写下生命中对他们特别有意义的一段时光。其他人则被要求回忆并记录一段对他们来讲毫无意义的时光。然后，在暂时改变了他们对人生意义的感受后，我们测量了他们的无聊程度。正如我们所预料的那样，与那些被要求重温一段有意义时光的人相比，被要求回忆一段无意义时光的人显现出更高的无聊程度。看起来，人生意义感的降低**可以**导致无聊。[12]

当我们感到生活有意义、有目的时，投入这个世界的选项是显而易见、难以抗拒的。相反，如果我们缺乏意义和目的，我们可选择的行动的价值和意义就会开始消减。当没有理由去做任何事情的时候，就很难找到理由去做一件事而不是另一件事。意义告诉我们要做哪些事情，因为那些事情很重要。如果没有生活意义，我们就会没有方向，陷入欲望迷局，感到无聊。

我们还采取了另一种实验方法。我们先让被试感到无聊，然后问他们对人生意义的感觉。结果发现，让人们感到无聊并没有让他们觉得自己的生活毫无意义。[13]在学校里听了四个小
133 时的无聊的圣诞演奏会，只为了抓拍到孩子上台的五分钟，这并不会让你觉得养育子女没有意义、毫无价值。因此，人生意义的减弱可能会引起当下的无聊感，但反过来就不一样了。乍一看，这可能与我们之前的说法不一致，即无聊与没有目的有关。但这并不矛盾，因为我们已经区分了人生意义和场景意义。我们没有发现任何证据表明无聊改变了人们对人生意义的感觉，尽管他们很可能觉得自己所处的环境是无意义的。[14]

生活中缺乏意义和目的的人自述他们经常觉得无聊。缺乏人生意义和目标的确可以导致无聊，但无聊并不意味着你一定会感到自己的生活缺少意义。这很好理解。很难想象为什么一段时间的无聊就会使一个人对生活的想法和感觉发生更普遍意义上的改变。然而，可能存在一种情况，长期的无聊会随着时间的推移改变人们对人生意义的看法。

所以，这些研究结果既印证又完善了对无聊和意义的早期思考。正如我们在本书中探讨的那样，我们把无聊看作一种信号，表明我们的头脑空空，陷入了欲望迷局——简而言之，我们没有投入。我们自己的观点是，缺乏投入比缺乏意义更容易导致无聊。尽管如此，那些不占据我们的心灵，并非我们渴望从事的活动，通常不值得做也没有价值；当我们感到无聊时，

我们会觉得当下毫无意义。这种评估可能会促使我们去寻找有 134
意义的东西。

找到意义

怀旧、慈善行为、极端的政治信仰，以及我们对非我族类的人群的敌意，这几样事情有什么共通之处？它们都是人们在无聊时用来解闷的东西。乍一看，很难理解为什么无聊与如此多样的结果有关。但它们的关键在于意义。长久以来，众所周知人们会用这些渠道来防御无意义的威胁。

凡·蒂尔堡和伊古进行了一项研究，看看如果让人们在实验室里感到无聊，他们是否会进行这些意义调节行为。他们推断，假如答案是肯定的，那么这将令人信服地证明无聊并不只是与无意义的感觉有关，它可以激发出一种动力，促使人们找回失去的意义，而这种意义可以表现为各种方式表达出来。[15]

例如，那种寻找意义的动力会把我们推向怀旧的遐想状态。当人们被要求在做完一项非常无聊的任务后回想任何他们想要回忆的事情时，他们会比那些所做任务不那么无聊的人有更多的怀旧记忆。意义是将无聊和怀旧记忆联系在一起的关键。无聊的人会更加热切地寻找意义，这种寻找与怀旧记忆的增加有关。在寻找意义的时候，回想那天早餐吃了什么就没什么意思。相反，你倾向于回忆生命中那些关键的时刻，例如你与人 135

生伴侣的初次相遇。这些回忆对你来说具有更强的个人相关性和意义。最后，为了使画面更完整，当回忆起怀旧的记忆时，我们会看到意义感的增加。[16]

无聊也能让我们变得更慷慨。研究表明，当人们刚刚完成一项无聊的任务时，与完成一项有趣的、令人振奋的任务时相比，他们更愿意为慈善机构做出更大的贡献。此外，如果慈善机构的行动很有成效，无聊的人也乐于给予更多的捐助。相比之下，不无聊的人的捐赠意愿并不受到慈善机构有效性的影响。也许无聊的人对**有效**的慈善事业特别感兴趣，是因为无聊驱使他们寻求社会行为来重新建立他们失去的意义感。至少，这表明他们并不是简单地寻求刺激，也不是试图用花钱来摆脱无聊的折磨。[17]在1949年，米尔顿·伯尔（Milton Berle）制作了史上第一次马拉松式电视节目，连续直播16个小时——这个节目如此无聊，为慈善事业筹集了数百万美元。这也许说明，米尔顿·伯尔当时觉察到了什么。然而，不幸的是，追求意义并不总是导致积极的目的；事实上，它可能有明显的黑暗面。

沙文主义是一种极端的爱国主义，包括对外人采取攻击性立场，这种观念可以说是当今世界许多苦难的根源。而无聊可能是这种破坏性社会现象的原因之一。与那些不无聊的人相比，
136 在实验室里被逼得很无聊的人对自己文化的名称和符号表达了更积极的态度。他们还对他们不认同的人（即来自不同文化背景的人）给予更严厉的惩罚，对来自自己文化的人给予更宽松

的惩罚。看来，无聊可以驱使人们重新获得意义感，进而引起行为的转变——这种转变可以指向强烈的身份象征。[18]

无聊也可能将我们的政治观点推向极端。当自认为是左翼/自由派和右翼/保守派的大学生被要求完成一项无聊的任务时，他们随后对自己的评价体现出，与没有进行无聊任务的同类人相比，他们在政治光谱上更加极端。无聊本身并不会使人们变得更加右翼或左翼。[19]强烈的、不妥协的身份认同感当然能提供生活的意义和目标，并有助于抑制无聊。我们并不是说，政治世界日益两极化主要是由无聊的流行病造成的。但是，无聊和想要在部落认同中找到意义的尝试可能确实是故事的一部分。

确立意义的动力使得无聊成为部落主义的加速器，至少在政治极端主义和对“他者”的诋毁方面是如此。更糟糕的是，我们知道，经常感到无聊的人也更有可能在满世界寻找意义时崇拜英雄，被英雄所鼓动。[20]在世界范围内，任何时刻都有许多人感到无聊。他们可能会觉得自己所做的事情没有任何意义， 137
他们可能会急于寻找答案。一个具有强大号召力的领袖，一个将人们分为“我们”和“他们”的领袖，可能会获得忠实的追随者，尽管他（这种领袖通常是男性）有明显的缺点。由此，人群在政治和世界观上向着越来越极端的方向迈出了一小步。领袖赋予了这群人以人生的意义，他们不会轻易放弃这种意义。不幸的是，无论是历史还是当下，都充斥着这样可怕的情景。神学家奈尔斯·F.S.费尔（Nels F. S. Ferre）敏锐地指出：“一个在生活中没有真正的满足感的人是不想要和平的。人们追求战争是为了逃避无意义和无聊，为了摆脱恐惧和沮丧。”[21]

事实上，最近的一项社会学分析表明，仅仅追求和平是短视的做法。想要最大限度地减少战争，我们必须确保人们能够主导自己的生活并找到意义。否则，无聊就会大行其道，催生对暴力的迷恋和对战争的歌颂。显然，无聊本身并不足以引发战争，但它可能为侵略行为创造条件、提供许可。[22]当无聊时，我们会四处寻找能让我们觉得自己的生活有意义的东西——为国王和国家而战，把各种社会弊端归咎于移民，或者加入那些诋毁他者的明确的团体，这些都是可行选项之一。无聊不是法官和陪审团，它无法警告我们，这些方案可能在伦理上是站不住脚的，可能有灾难性的结果。

无聊点燃了我们重建意义的渴望。我们寻找意义的尝试是
138 会导致积极的行动或结果（怀旧的遐想、慈善的大手笔），还是将我们推向破坏性的追求（极端的政治观点、对他人的攻击），归根结底取决于我们自己。无论从短期还是长期来看，我们有责任以对社会和我们自己都有益的方式来应对无聊。

创造中的意义

至此，我们强调了意义是一种**结果**，换句话说，我们在特定的情境或者生活中失去或找到意义。它可能是我们作为个人

实现的个体意义，也可能是植根于我们作为个体参与其中的更大的社会框架的集体意义。[23]当我们思考无聊与**创造意义**之间的联系时，我们会对无聊有更加深入的理解。虽然缺乏意义是个问题，但仅仅拥有意义恐怕也是不够的。随着时间的推移，曾经新奇而引人注目的东西也会变得平平无奇。个人信念和人生计划需要被重新评估、改变或者重新确立。正如亲密关系需要不断培养才能茁壮发展，创造意义也是一个持续的过程。

即使没有具体目标，我们也能创造意义。最佳例子（或者也是最常见的）就是看云。我们在天空中漂浮变形的云中看见了脸庞和神话动物。更加极端的例子是，如果盯着白色的噪点（比如电视上的“雪花”）看上好一会儿，大多数人都会“看见”一些不存在的形状。[24]这表明，我们的大脑是一个创造意义的机器，可以从我们经历的万事万物中寻找意义。在20世纪
60年代的一项研究中，研究人员让经历了一段时间感官剥夺的 139
被试阅读谚语。有些谚语是书写正确的，有些则是胡乱拼凑出来的。结果显示，被试的无聊程度在阅读那些正确的谚语时最高，因为这些已为人知的谚语没有留下“创造意义”的余地。相较之下，被试在阅读那些拼凑的谚语时则较少无聊，因为他们可以对这些乱七八糟的句子做出新的解读。[25]当我们停止创造意义时，我们更容易感到无聊。创造意义正如一枚硬币。一方面，我们需要一个欢迎且鼓励我们参与的世界，它不能是预设的、固定或者混乱的。另一方面，我们自己必须要积极地参

与而不是被动地接受。

以图 7.1 为例。你在这张图片中看见了什么？

图7.1 鸭兔错觉。这幅模糊的图画创作于1892年。虽然物理图像不会改变，但我们对它的解释可以。如果你还看不出来，请注意：鸭子的嘴也是兔子的耳朵。

140 你可能之前见过这张图片。它解释了我们是如何创造意义的。虽然物理图像不会改变，但我们可以把画中的动物看成一只鸭子（嘴朝左），也可以看成一只兔子（鼻子朝右，耳朵朝左）。与此相对的是公共厕所的男女标识，它们是没有歧义的，几乎不需要我们去解释。

如果一种情形只有唯一的解读方式，那么它就是无聊的。就像一个顶部能旋转的玩具和橡皮泥之间的区别，前者只有一种玩法，而后者则变幻无穷。如果一个情境无法提供多种解读的空间，那么我们很快就会感到无聊。换句话说，一个情境里的物体在你到来之前就是固定且预设的，所见即所得，没有更多可能性。你所看到的也是别人所看到的，你今天看到的和你明天、后天、大后天所看到的不会有不同。

可以说，无聊的情境恰恰与日本园林设计的**隐趣**（miegakure）原则相反。隐趣是一种隐藏与显露的艺术。日本的园林吸引你的方式就是让你觉得总有更多的东西在等着你。庭园内不存在某个可以让你将整个花园的景色尽收眼底的有利位置。相反，只有观赏者一步步穿过整个花园，才能一点点发现和揭示全部的景色。正是这种有关发现的希望让花园如此诱人，就像一场华丽的歌舞表演会比直白的脱衣舞更引人入胜。无聊就是失去了可能性的诱惑，感觉被困在沉闷的、无休止的现在。时间的流动停止了，不再有任何力量可以把我们带入一 141
种未知的未来；未来只不过是更多的现在。[26]

一个情境是否提供了预设或固定的意义只是故事的一半。想象一下，对物理学一无所知的你去参加一个关于量子力学的大学讲座。一堆乱七八糟的专业词汇扑面而来，对你来说却是对牛弹琴、毫无意义，因为你无法理解这些内容。没一会儿，你就会发现自己已经无聊到了极点。因此，除了你能料想到的固定的意义之外，极其复杂的信息也阻碍了意义的创造。这两种阻止意义产生的东西被称为**冗余**（redundancy）和**噪声**（noisc）。[27]

一定程度的冗余没有问题。如果每个厕所用来区分男女的标志都大相径庭，那情况一定会变得非常混乱。但如果我们看的电影不断地播放同一个画面，大多数人都会感到无聊。多样性是生活的调味剂，因为它吸引我们的注意力，并使我们扩大知识面。但过多的多样性最终会变成噪声，以至于“充满着喧哗与骚动，却没有任何意义”。[28]量子力学的讲座对于专业人士来说还好，但对于外行来说，它实在是远远超出了我们熟悉的范围。它是0%的冗余和100%的多样性。它太新奇了，以至于我们无法理解，它对我们来说充其量只是噪声。无论是过多的冗余还是过多的噪声，都会使我们无法有效地创造意义（这个观点我们将在第八章中阐释）。那些没有吸引力且无法创造意义的情境是无聊的。不仅如此，这些情境还会让我们感到一种无力感。

142 无聊的情境剥夺了我们作为意义创造者的能力。斯文德森形容得好：“人是一种建造世界的存在，一种积极地构建其自身世界的存在，但如果一切总是预先就被组织完备，那么这种构建世界的积极性就变成多余，我们将失去与世界的触接。”[29]

多余是这段话中的关键词。任何预先组织完备的情况都会使我们与世界交互的能力变成不必要的。无聊的情境使我们客观化，剥夺了我们的能动性，并从本质上使我们可以与任何其他人互换身份。我们无法以任何有意义的方式定制体验。公共厕所上的男女标识提供了一个很好的例子：我们没有必要做出解释，因为不需要我们创造意义。

我们无法参与意义创造过程的事实，使我们不仅感到自己是多余的，而且还缺乏控制。我们失去了第二章中提到的能动性，成为意义的被动接受者，而不是积极的创造者。我们只能旋转玩具的顶部，只有这一种玩法，而我们必须接受这种限制。更糟糕的是，我们无法给这个玩具赋予任何其他可能符合我们的需求、欲望或意图的意义。正如路易斯维尔大学的哲学家安德烈亚斯·埃尔皮德罗所说:“在某种意义上，无聊的世界是不符合我们的计划和欲望的世界。”

作为人类，我们有一种与生俱来的创造意义的能力和需要，而无聊的情境剥夺了我们行使这种能力的机会——正是在这个意义上，无聊的情境使我们变得贫乏。事实上，它使我们变得可有可无。这种体验可能在一定程度上解释了当我们感到 143
无聊时的愤慨和蔑视。无聊是对我们人格的侮辱。

不确定的意义

无聊提醒我们意义的缺失。而当事情进展顺利时，无聊的信号会将我们引向这样一些活动：它们让我们充分发挥自己的能力，表达自己的激情，并最终帮助我们找到人生的意义。但事情并不总是这么顺利。无聊是对意义的一种低效刺激。事实上，不感到无聊并不意味着意义一定存在。

有一些抑制无聊的方法不涉及意义的创造，也有一些活动是永远存在且令人神往的。技术的发展可能缩短了无聊和意义之间的适应性关系。看流媒体节目或在消消乐上浪费几个小时，很可能不是创造意义的最佳选择。当代社会充满了快速易得的暂缓无聊的东西。但是，我们有理由怀疑，我们对这些解脱方式的依恋，是否实际上让无聊成为一个更紧迫的问题。我们是否真的患上了无聊的流行病?

第八章

正在形成的流行病

· · ·

周六早晨，闹钟不合时宜地响了起来。你从床上爬起来，下楼去叫你七岁的儿子起床。他坐在沙发上，平板电脑的荧光反射在他的脸上，他正在玩电子游戏《我的世界》。 144

有那么一会儿，你在想电视上是否还在播放《宇宙的巨人希曼》这部动画片。要是重播《波波鹿与飞天鼠》也不错。反正你儿子也不会喜欢他们。他喜欢的是那个要命的平板电脑！

“吃早饭了，伙计，我们还得去踢足球。”

他并没有抬头，只是嘟囔了几声，让你知道他听见了。

后来，当你的儿子和一群六七岁的小孩围着争抢足球时，你停下来，看到四周聚集着一群围观孩子踢球的父母。他们都拿着手机，时不时地抬起头来对孩子喊些鼓励的话，然后又一头扎进手机中。他们在玩什么？糖果消消乐？快照[1]还是

[1] 即Snapchat，一种“阅后即焚”的社交软件。

照片墙[1]？或者是古老的短信？对那些真正老派的人来说，可能看的是脸书？手机里有太多东西可以让他们的注意力从跑来跑去的孩子身上移开。

145 我们从未有过如此便捷的娱乐活动，然而有人说，我们的无聊水平达到了前所未有的高度。你可能会想，网上到处是猫咪做了傻事的搞笑视频，怎么还会有人抱怨无聊？除非，信息过载已经成了我们的负担。或者更糟，我们对互联网的沉迷是个幌子，是对真正的投入的逃避。

· · ·

“看报纸吃早饭或者闲聊的时候开着电视或广播并不稀奇。有些人还戴着手表或寻呼机，哔哔哔的提示音提醒我们查看新消息。有些人还带着录音机上街传播噪声，或者戴着随身听独自享受不间断的娱乐。”[1]奥林·克莱普（Orin Klapp）写下了1986年人们忙碌分心的生活。把过时的“录音机”、“随身听”和“寻呼机”换成手机，这段话在今天依然成立。

今天的我们被信息淹没，而信息过量到一定程度时就会变成噪声。当这种情况发生的时候，我们就会兴致大减，无聊随之而来。或者，事情向着克莱普描述的情况发展。克莱普是一位社会学家，他写下上述文字的时候，他正在韦仕敦大学工作。

[1] 即Instagram，一个分享照片、视频的社交软件。

想一想，如果克莱普关注的是80年代中期——那个人人留长发穿紧身裤听流行乐金属乐的时代——信息过载的影响，那么他会对当今世界又会有怎样的看法呢？ 24小时不停滚动的新闻，
推特上140字尖锐的辩论和成千上万的转发，世界在这个比信 146
用卡大不了多少的设备上触手可及。但克莱普并不是唯一一个在他的时代或更早的时候就怀疑我们正处于无聊流行病的边缘或者中心的人。

信息过载对我们来说是成问题的，或者具体地说，技术进步是造成这些问题的原因，对此的担忧由来已久。在柏拉图的《斐德罗篇》中，苏格拉底抱怨写作的出现。他认为写作“让学
习者遗忘，因为他们不再依赖自身的记忆而是相信外部的书面 147
字符，而不记得自己”。讽刺的是，如果不是柏拉图决定将这些写下来，我们将对苏格拉底的哲学一无所知。正如此前提到的那样，19世纪的哲学家、心理学巨擘威廉·詹姆斯感叹道：“一种无可救药的乏味即将席卷这个世界”，他认为这种乏味与信息**数量**的增加而非信息**质量**的提高有关。在他发出感叹后不久，20世纪初，德国作家、社会学家和文化评论家齐格弗里德·克拉考尔（Siegfied Kracauer）再次提出了信息过载的问题。克拉考尔认为这与纸媒的爆炸有关。他认为，更多的新闻只是混淆了我们区分信息和噪声的能力，并不代表更多的信息——这基本上与克莱普多年后的观点吻合。[2]

几乎没有数据表明我们正处于无聊的爆发期。我们所需要

的那种数据——来自同一个人几十年来的纵向数据——根本无法获得。但是，如果信息过载是一种成熟的无聊条件，那么就会出现这样一种可能性，即随着如此多的信息如此容易获得，无聊可能比以前的时代更成问题。也许这并不是一种流行病，而是一个旧问题的凸显。无聊意味着需要参与，但任何形式的参与都可以吗？我们真的会因为花在Instagram上的时间或玩消消乐而得到满足吗？我们认为并不会。但在更深入地解决这个问题之前，我们先详述一下克莱普的论点。如果我们原谅了随身听这些不合时宜的细节，那么从他对现代社会无聊的描述中，我们可以学到很多东西，现在已经有三十多年的历史了。

从噪声中辨别信号

148 克莱普认为正是信息缺失让单调的事情显得无聊。根据定义，单调的环境本就几乎不含有新的信息。那么根据这种说法，人类有寻求新信息的内在需求。这并不等同于追求肾上腺素飙升那种意义上的感官刺激，而是一种由渴求新的发现来驱动的好奇。但如果东西太多了怎么办？克莱普认为我们会无法从噪声中提取有意义的信号。滚动在屏幕底部的是轮播的新闻，屏幕右边是实时变化的交通状况和每小时更新一次的天气预报。我们该怎样理解这种信息的轰炸？无聊正是这种日复一日的信息冲击的结果之一。正如克莱普所言，无聊“产生于节奏越来越快，变化缺乏意义，行动缺乏终点的时候”。[3]事情不断发生，但我们难以理解它们。而且确确实实，这个时代信息获取的便捷性至少给人一种事物变化速度在不断加快的印象。

在这个信息光谱的两端——太少或太多，我们都会遭遇意义危机（第七章）。不论是信息太少还是变化太少，事情都会变得单调得令人难以承受。如果信息太多，我们可能会觉得自己被变化裹挟，从上一条推特到下一条，从一个有趣的猫咪视频到下一个，从一条所谓的“突发”新闻到下一个，我们从来 149
没有停下来仔细想想这些信息对我们来说意味着什么。

无聊是现代社会的信息过载——这种对无聊的解释将我们的经验投射在发现和创造意义的需求上，并以此来表达我们的能动性。并非所有的重复都是坏事。熟悉的事物能让我们的理解更加深刻。当一首歌与我们的期望值吻合时，我们觉得它很吸引人——一种令人惊讶的亲切感。同样，并非所有的变化都是好的。勋伯格的交响乐对于不熟悉无调性音乐的人来说杂乱无章且难以理解。极致的冗余或者极致的变化都让我们的才智无法落脚，从而无法感知新的、有意义的东西。最佳的投入度则依靠在重复和变化之间找到一个平衡点——或许是另一种“金发姑娘地带”。在这种情况下，无聊作为一种信号，调节着重复和变化之间的摆幅。这其实和我们所说的无聊本身并非坏事一脉相承。我们如何回应无聊才会导致积极或消极的结果。这也表明，高度无聊的人生活在信息光谱的两端，要么陷入单调，要么被新奇的事物所淹没，无论如何都无法找到那个“刚刚好”的状态。[4]

克莱普概述了九种可能导致信息过载和随之而来的无聊的途径，[5]但是说到底和我们息息相关的还是可获得的信息量。信息以越来越快的速度向我们涌来。仅仅是睁开眼与世界打交道
150 就感觉像对着消防栓猛灌水。太多了——精神刺激太多，意义却很少，留下的最终还是无聊。理解信息，在比特和字节中寻找意义，需要时间和精力。换句话说，意义的创造是缓慢的，然而信息的累积如此之快，这就导致了克莱普所说的“慢性信息消化不良”。[6]意义的**创造**需要综合不同渠道的信息，并对这些信息进行阐释。然而**获取**这些信息可能是个被动接受的过程。在互联网时代，当我们被无数信息轰炸的时候，我们可能就会采取浅层处理的方式来应对综合和解释信息的挑战。比如，用刷推特来代替从信息大洪水中找寻意义的艰苦工作，抑或干脆不接收任何形式的信息。无论哪种方式，我们都会无聊。

归根结底，我们这个数字时代的信息爆炸——一种很少有人预料到的重量级的信息爆炸——加剧而不是解决了创造意义的挑战。如果无聊的环境扼杀了我们参与和创造意义的能力，那么我们可以预期，我们这个时代将充斥着无聊的人。换句话说，我们现在这个信息时代（或者说信息爆炸的时代），是否已经使创造意义的任务以及由此而来的避免无聊的任务变得格外困难了？

值得再次说明的是，没有什么数据能够直接回答这个问题。要衡量无聊随着时间的推进有什么变化，我们需要在很长一段时间内向一大群人问同样的问题——这是一项纵向研究，我们要看个人的认知如何随时间变化，以及新一代人与上一代人相比如何。要想知道互联网、智能手机、社交媒体或推特宇 151
宙是否是导致无聊感上升的罪魁祸首就更具挑战了。难道要找一个不使用这些东西的群体来作为实验的比较组吗？因为他们免于信息轰炸，所以我们希望他们不会感到无聊？阿米什人[1]或许可以一试，但是这样的群体与主流社会的文化差异实在太大，并不适合参与实验。所以，不幸的是，我们还没有必要的数据来证明无聊是否在上升，以及这种上升是否是互联网造成的。

我们可以做的是诉诸其他数据，以帮助我们推断出随着时间的推移可能发生的变化。像盖洛普民意调查这样的数据可能很有帮助，尽管这类调查所问的问题会随着寻求信息者的需求而改变。评估文献和其他来源中诸如无聊等术语的使用频率也可以提示我们随时间的推移而发生的变化。事实上，克莱普的一篇论文表明，“无聊”、“例行公事”和“单调”这些词在1961年的平均使用频率是三十年前（1931）的2.5倍。[7]“无聊”

[1] 阿米什人是生活在美国和加拿大部分地区的社会群体。他们拒绝现代科技，过着简朴的隐居生活。

一词的频率则增加了10倍。在盖洛普民调的数据中，差不多同一时间（1969），大约50%的受访者声称他们的生活是例行公事，甚至相当乏味。无奈的是，这个问题只在那次民调中问过，所以我们无法确定任何上升或下降的趋势。

遗憾的是，我们根本没有足够数据来证明无聊感是否在上升。但是，如果我们能肯定信息的增加和获取信息的便利性
152 在上升，我们就可以开始研究这种信息增加与无聊直接相关的后果。

信息以及我们对信息的获取在过去一个世纪乃至过去二十年里急剧增长，这似乎是不争的事实。巴克明斯特·富勒这位以创造球形穹顶[i]闻名的建筑师，提出了知识倍增曲线的概念（尽管我们可能要区分知识和信息这两个概念）。[8]根据这个想法，到1900年，人类的知识就能实现每一百年翻一番。到20世纪中期，这个速度上升到每25年翻一番，现在可能每年就会翻一番。特定形式的知识积累可能以不同的速度加快。普遍认为，科学信息每隔八到九年就会翻一番，尽管在整个20世纪，以及进入21世纪后，变化的速度是指数级的。[9]获取信息的便捷性也在以令人难以置信的速度提高。有些人还记得在图书馆里影印期刊上的文章，甚至是阅读缩微胶片上的资料。[10]在克莱普写关于无聊的文章时，信息的传输速度是每秒256 000比

---

[i] 即“测底线穹顶”，在球体表面以正多面体的形式排列支柱来模拟球体的结构。

特。现在，这一速度已接近每秒100兆字节。

用克莱普的话来说，鉴于信息爆炸，无聊感会不可避免地上升。我们必然会退缩到不那么嘈杂的环境中，或者拼命让自己的声音穿透噪声，这就是他所说的“自我尖叫”——这是对由信息过载引发的无聊的反应。鉴于社交媒体的流行，我们很难不把克莱普的理论看作事实。与粉丝分享平凡的日常，拼命博取他们的“赞”，似乎能让自己的声音被听到。再加上推特大 153
战、视频网站上无处不在的猫咪视频以及网络吐槽的兴起，很明显，我们在部分程度上是在试图通过比别人更大声的喊叫来回应信息爆炸。但需要指出的是，上述这些仅仅只是观点，我们仍然缺乏实证。

导致无聊感上升的不只是信息本身，还有媒介本身。正如我们在前文所说，也许是互联网、社交媒体和智能手机造成的。至少在这个观点上，我们有证可循。[11]

互联网的诱惑

始于20世纪60年代末的万维网有着复杂的起源，涉及美国和欧洲的多个研究小组。第一批公共互联网服务提供商在80年代末开始运营，十年内，我们所知道的互联网的普及率和使用量已经呈爆炸性增长。[12]同时，在90年代后期出现了一个充满争议的新型精神疾病诊断提议——网络成瘾。[13]而成瘾通常用来定义物质滥用疾病（例如酒精或毒品成瘾）。每周超过38个小时泡在网上，不上网就感到焦虑，以及因上网而在日常生活中出现问题的人被认为是网络成瘾的。早期研究表明，上
154 网和无聊确实有关，有人认为上网是对无聊的一种**反应**。[14]比如，在16～19岁的年轻人中，网络成瘾的普遍性似乎是由闲暇无聊所驱动（第四章）。这些年轻人找不到其他满足参与感的途径，于是一头扎进互联网的兔子洞。根据研究，其中4%～12%的人努力寻找出路。无聊时，我们会寻求补救或消除这种感觉的出口。互联网极大地扩展了我们可以与之交流的**东西**，更不用说接触这些东西的便捷性。

在公众能广泛接触到网络的早期，上网需要一台电脑。这显然已经被无处不在的智能手机所取代。研究人员开始定义他们认为的智能手机的不当使用。除了简单的使用频率的上升之外，智能手机成瘾的症状包括焦虑感以及无法接触手机时产生的敌意，即戒断反应。乔恩·艾莱（Jon Elhai）和托莱多大学的同事使用结构方程模型，也就是一种研究不同变量之间关系的统计模型，表明无聊能预测智能手机的不当使用。[15]也就是说，你越是无聊，你对手机的依赖就越可能是不健康的。

这是个棘手的结论。它并不像克莱普所说的信息过载导致无聊那样简单。相反，互联网和智能手机貌似能缓解无聊，最终却令我们失望——从长远来看，很可能让事情变得更糟。就像任何成瘾行为一样，上网在当下确实提供快速、有效、轻松

的解脱。在看YouTube视频的时候，无聊的情绪被暂时抑制住 155
了，但这种短暂的解脱终究无济于事也不健康。[16]随之而来的是一个恶性循环。如果我们不能使用自己的大脑，参与到事情中，互联网就会成为我们逃避无聊的避难所。而这个避难所最终是没有意义的，这里虽然有大量的信息，但它们只能提供浅层的参与感。一旦断开互联网，我们又回到了最初面临的问题。该怎么做呢？社交媒体、智能手机以及互联网在**设计**之初就是为了吸引以及抓住我们的注意力，让我们从闷闷不乐中暂时解脱，难怪我们会被一个无法克服的恶性循环所俘虏。

上网的预期目标通常是“消磨时间”。[17]这与监狱犯人对“打发时间”或“做时间”的描述并无二致，就是一种没有更好或更有意义的事情可做的感觉。以这种方式打发时间，凸显了互联网的一些重要特点，它是避免无聊的虚假方式：我们想做一些事，但它不能是任何事情。我们所定义的无聊，部分是由一种渴望驱动。我们渴望做一些能够最大限度发挥自我才能和天赋的事情，在完成之后，我们能带着一种满足感去回味。互联网，或者更具体地说是社交媒体，至少让我们有事情可做，让我们的时间被占据。但这充其量是一种忙碌的假象，[18]永远不会满足我们自我决定和创造价值的深层需求。

所以，信息过载归根结底是无聊的，而互联网和智能手机
提供的只是我们所渴望的参与到某事中的假象。借用佛罗里达 156
大学政治学教授莱斯利·蒂勒（Leslie Thiele）的说法，我们提

供了一个关于无聊和科技如何“不谋而合”的猜想。[19]两者都是出于自己的目的与对方合谋。无聊把我们推向科技的怀抱，以至于我们把它当作宝贝，并不断试图开发新的、更好的分散注意力的方式。另一方面，科技让我们最终得不到满足，保证了无聊的延续。

我们不妨想想，除了提供一种令人神往但最终空洞的参与感之外，科技还做了哪些“秘密交易”，让我们在无聊的同时寻求它宣称所提供的解脱。对蒂勒来说，科技的关键问题之一是它改变了我们思考世界的方式，并因此催生无聊的到来。根据这种说法，我们的技术世界观主要看中的是**有效功能**——这个东西有什么用处，它的性能如何？对于蒂勒来说，这个看法改变了技术的最终使用者（也就是我们）与时间的关系。我们不是简单地“停留在时间里”[20]，而是试图掌握和管理时间，为的是提高效率和生产力。时间变成了一个需要解决的问题，而一旦我们做出了这样的转变，未被填满的时间就成为低效的、无益的，最终是无聊的。填满任何未被填满的时间都会造成另一个恶性循环。时间必须被填满，但不是被任何东西填满，科技导致了蒂勒所说的“新奇的常规化”。我们被不断创新的必要性所驱使，渴望新事物，但又不断提高新奇有趣的标准。昨天还很吸引人的东西今天就无法令人满足了，最终导致了一个永无止境地寻找新奇事物的仓鼠轮。从本质上讲，我们对已有的东西感到麻木和厌倦。

当今主流的技术世界观也可能改变我们对自己的看法，使 157
我们更容易感到无聊。也许最具破坏性的转变就是从意义的创造者转变为被动的体验者——我们像容器一般被填满而不是意义创造的主动来源（第七章）。如果我们可以被日新月异、引人注目的体验（或者至少是源源不断的网络新梗）所满足，那么我们也有可能是空的。[21]我们被推动着走向越来越多的消费，只是为了在无聊面前领先一步。我们越是不把自己看作主动的意义创造者，我们的主动性就越是萎靡。德国社会学家格奥尔格·齐美尔（Georg Simmel）在20世纪初曾说过，被科技包围的感觉就像“身处溪流中……我们并不需要为自己向前游”。[22]不断被快速流动的溪流推着走，我们忘记了如何为自己向前游。我们不再问什么才是真正重要的，也失去了与我们内心渴望的联系。换句话说，科技在吸引和抓住我们的注意力方面的能力是无与伦比的，而我们有意控制注意力的能力似乎有可能因为使用不足而萎缩。

无连接的连接

虽然我们在上网时确实是“连接”的，但这是一种不太令人满意的连接方式。在艾莱的研究中，重要的是人们使用电子产品的方式，以及当他们无法上网时的感受。最终，当我们与科技的连接代替了真实的社会互动时，问题就会出现。

圣地亚哥州立大学的社会心理学家简·腾格（Jean Twenge） 158

表示，与前几代人相比，今天的青少年（她称之为“i世代”，以强调他们是出生在完全网络化时代的第一代人）和朋友在一起的时间更少，用手机的时间更多。与那些花更多时间与朋友相处和运动的青少年相比，那些花更多时间上网、玩游戏或深度使用社交媒体的青少年的幸福感也较低。[23]他们虽然在线，却与社会脱节。最近一些关于社交媒体使用的研究表明，即使放弃Facebook短短两周，也能提高幸福感。[24]

另一个表明互联网是一种虚幻连接——或者说是无连接的连接——的迹象来自密切观察人们在线时的行为。一项使用笔记本自带的摄像头来观察用户行为的研究表示，平均每隔19秒人们就会改变他们正在做的事！[25]你可能在正在持续做着某件事，但很难想象如果你每分钟改变三次正在做的事，你能够完全投入。弹出的通知和永无止境的可能吸引注意力的事情让我们分心，也让我们疲惫不堪，以至于无法长时间地与任何一件事产生深入联系。当我们无法专注、无法投入手头的任务时，我们很快就会发现自己已被无聊俘获。[26]

也许无连接的连接的终极表现来源于网络色情，它可以说占据了互联网带宽的绝大部分。那些经常看网络色情片的人可
159 能正遭受着被称为性无聊的痛苦。[27]性无聊在男性身上比女性更普遍，它与感官刺激的需求有关，也就是寻求刺激——或者只是寻求与任何常规遭遇不同的东西。性无聊与亲密关系的不和谐有关，也与无聊特质倾向以及自慰和看网络色情片的高发

生率有关。在这里，不健康的强化循环也在发挥作用。在现实世界无法满足性欲的你转向了互联网。这暂时地满足了你的需求，但终究无法满足你对真正的连接的需求。你回到现实世界，但任何无法满足的情况都会将你送回网络色情的怀抱，它极易获得，并提供了多样的刺激。这个循环再次强调了我们的观点，即无聊信号本身并不是敌人，而是我们对它的反应导致了不同类型的参与和随之而来的问题。没有意义的连接，没有深度的感觉，没有故事的信息，都不可能完全缓解无聊。

我们对互联网的迷恋的共性是孤立。在第六章中，我们谈到了隔绝封闭环境，无论是自愿去极端条件的地方探险（外太空、南极等），还是作为惩罚性法律制度的一部分被强制执行。在这里，隔离的类型更为社会性。无法满足的与他人互动的欲望可能会将一些人推向互联网和社交媒体这一虚假的灵丹妙药。可以肯定的是，网络无疑有巨大的好处。它能让家庭成员跨越距离交流，让商业伙伴跨越国界合作，让信息跨越专制政府的阻碍而得以快速传播。网络的这些以及更多好处显然对整
个社会和大多数人都是有益的。但对一些人来说，互联网连接可 160
能是他们唯一的连接。这就是互联网（也许更准确地说，社交媒体）可能会成问题的地方。极有可能的是，它代表了一个旧问题的新形式。我们认为，对一些人来说，互联网的虚幻连接是对与世界脱节的一种不良反应，而无聊正是这种脱节的标志。

为了了解我们提出的虚幻连接假说，我们在谷歌的数据库中

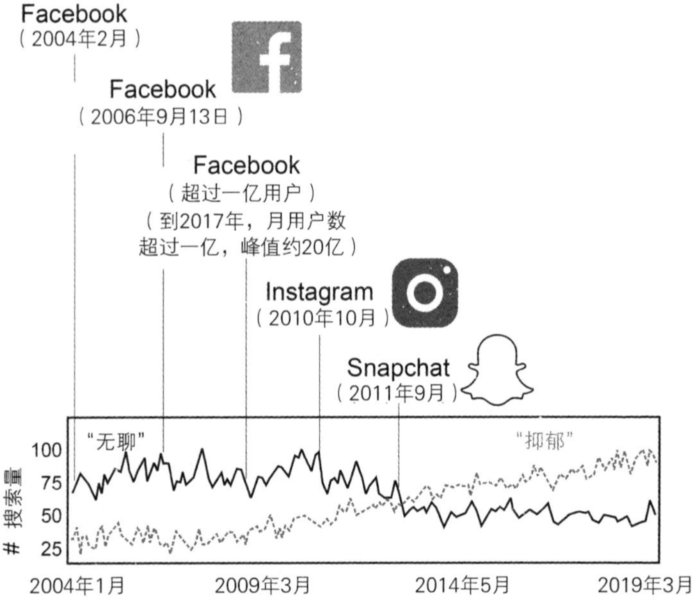

图8.2　这张图展示了2004年以来"无聊"和"抑郁"这两个关键词在谷歌中的搜索频率。图中标注了各个社交媒体的发布时间和用户影响力。

搜索了自从2004年Facebook推出以来一些关键词的搜索频率。包
161 括无聊或厌烦等词在内的搜索频率看起来实际上是在下降的。但对**抑郁**一词的搜索量在上升（图8.2）。我们可能会觉得有足够多的东西来占据时间，但它们不足以让我们得到深度满足。

孤独之心俱乐部

我们认为互联网和社交媒体特别擅长培养的那种无连接的

连接，最终可能会讽刺地导致一些人产生更多的社会孤立。我们可能会觉得比以往任何时候都有更多的人际联系，但花在Snapchat上的时间是从真正的人际交往中夺走的时间。2018年初，当时的英国首相特雷莎·梅宣布，她的政府正在设立孤独事务部长。[28]一个研究孤独的特别委员会表明，大约900万英国人——接近人口的14%——经常或在大部分时间感到孤独。[29]这位新任命的部长将负责制定政策，以应对孤独程度上升所代表的公共健康危机。在美国，研究表明，孤独确实是无聊的盟友。[30]

虽然媒体对梅的声明（以及随后深夜电视节目主持人的嬉笑）的关注点大多集中在老年人身上（孤独和无聊在老年群体中是相伴而生的），但人们的关注点比这更广泛。正如英国国会议员乔·考克斯（Jo Cox）所言："孤独一视同仁。"（考克斯身后成立的基金会是英国最早进行孤独研究的机构。）其实无聊也一样。在努力寻找自己位置的青少年中，在因睡眠不足和新生命而感到困扰的新父母中，在因痛苦和损伤而感到孤立的 162
精神疾病患者中，在因需要更多照顾而感到负担沉重的老年人和他们的照顾者中，孤独和随之而来的无聊、焦虑和抑郁可以随时发起袭击。

孤独和无聊有一个关键的联系，即两者都代表了一种脱离世界的形式。我们在前文说过，无聊状态是一个信号，告诉我们需要让自己的头脑活动起来，从事一些能够让我们发挥才能和天赋的活动。一个常见的满足精神参与需求的方法是与我们的同伴进行社会互动。事实上，最近一项使用经验抽样的研究显示，当人们参与面对面的活动时，无聊感最低。[31]对一些人来说，对无聊和孤独的回应是进入社交媒体的兔子洞，虚幻的连接在短期内缓解了无聊的不适，但最终他们未能与他人建立有意义的关系。更糟糕的是，这种不能深入满足我们社交需求的做法，甚至可能会在长期内延续无聊的状态。

我们在本章之初提出了这样一个概念，即无聊可能缘于变化太多，因为我们无法从周围的噪声中提取信号。我们注意到，我们正在遭受越来越多的信息冲击。我们提出了互联网、智能手机、社交媒体以及科技可能引起无聊和孤独的方式。我们概述了无聊和科技如何合谋让我们陷入恶性循环。需要注意的是，
163 这些想法仍然是推测性的。还没有可以证实这些说法的关键性的研究成果。但是，当我们转向这些简单的方法来缓解无聊带来的不适时，可能会无意中使我们更难找到真正需要的连接。说无聊是件好事，未免太夸张了。但我们希望，这本书能够让你相信，至少**保留无聊的可能性**并学会如何以有效的方式应对无聊，是一件好事。

无聊既不好也不坏。它不会帮我们决定应该做**什么**来缓解不适感。但是，如果没有能力意识到自己的无聊，我们就有可能持续处于一种不适应的精神脱离状态，或者当我们越来越沉溺于网络时，会自欺欺人地认为自己很好。面对不断分散的注意力，我们面临的一个关键挑战是抵制快速和简单的精神参与

的诱惑，或者说心灵的垃圾食品，它们无法满足我们，并将使我们再次循环到无聊的状态。相反，我们需要寻找真正的解药，以满足我们对精神投入的需求。

第九章

顺其自然

• • •

建成之后，它们将成为世界上最高的建筑——在这个永远 164
试图触及天空的城市里，世贸中心双子塔将俯瞰所有建筑物。自从法国人菲利普·佩蒂特在一本杂志上读到双子塔落成的消息之后，他心中就有了一个梦想：他要在两座高楼之间架设一条钢丝，然后在上面行走，为地面上的人群表演，以这种方式闪亮登场。

佩蒂特花了六年时间规划这个壮举。他游走于未完工的塔楼，警惕保安的动向，同时获取航拍照片，寻找固定锁链的锚点，也曾秘密前往塔顶查看每一个细节。为了预判任何潜在的问题，他甚至不惜代价建造了一个迷你版的双子塔。佩蒂特日复一日地在离地面只有几米高的地方练习，准备在纽约繁忙的街道上方400米处表演这一切。

佩蒂特的表演将持续45分钟。不仅仅是单向走钢丝，他打算在长达61米的钢丝上来回行走8次。他将拿着26米长的平衡杆，从一只脚换到另一只脚，然后躺在钢丝上向聚集的人群挥手。

他是在寻死吗？还是在找刺激？恰恰相反，佩蒂特在很多
165 场合都宣称，走钢丝对他来讲毫不恐怖。虽然他承认走钢丝是藐视死亡的行为，但他追求的是生，而非死。那么如果他并非寻死，走钢丝也没有真的吓到他，他为什么要做这么大胆的事情呢？也许是为了艺术，抑或是为了体验极致的心流——超乎寻常的专注，对其他一切干扰不为所动（佩蒂特曾声称，当他在走钢丝时，即使你用一块木板砸他的头，他也不会动！），以及他的行为与世界融为一体的感觉。

· · ·

亚历克斯·霍诺德（Alex Honnold）是一位杰出的登山家，擅长“徒手攀岩”——在不借助任何绳索的情况下，攀登像优胜美地国家公园的酋长岩这样的山峰，那是高达三千英尺的纯花岗岩。[1]就像佩蒂特走钢丝一样，霍诺德的徒手攀岩在人们看来太疯狂了，甚至像是一心寻死。但他俩并不是这样描述自己的经历的。在他俩看来，计划是重中之重，恐惧并不存在，求死也远谈不上，走钢丝或攀岩让他们感受到前所未有的活力。从某种意义上说，霍诺德或佩蒂特若想成功做到自己想做的事，他们必须达到深度投入的水平。

鉴于我们将无聊描述为因无法投入而产生的焦躁，也许霍

诺德所追求的状态代表了无聊的反面。但是，深度投入，一种高度集中精力的状态，是无聊**仅有**的反义词吗？通过研究那些代表无聊的心理状态和感受，我们可以加深对无聊的理解，并最终在无聊信号出现时更好地对其做出有效反应。

至于什么是无聊的反义词，可能性太多了。也许是兴奋：166
坐过山车的快感，对喜欢的球队即将取得季后赛胜利的满心期待，上台表演前的那一刻。条件再放宽一点，也许兴趣就是无聊的反义词：专注读一本小说，专心看一部情节复杂的电影，甚至思考如何拼成一幅一千片的拼图。也许愉悦也是无聊的反义词：一顿四菜一汤的大餐，一场动人心弦的音乐会，一夜激情的缱绻缠绵？若不是快乐，或许放松是无聊的反义词：在泳池边小憩，在春日午后的公园里散步，结束一天辛苦的工作后在电视机前放松？这些是否都是无聊的反面？当然。无论是兴奋、愉悦、兴趣、好奇，甚至是放松，当我们体会到这些感觉时，我们的心灵被填满了，我们**想要**继续做正在做的事情——我们满意地投身于这个世界中。以下我们将从投入度的角度探讨这些无聊的反义词，也许从那个最突出的体验说起，也就是当我们猜测霍诺德和佩蒂特是否恐惧时他们很可能沉浸于其中的状态——心流。

心　流

约五十年前，米哈里·希斯赞特米哈伊（Mihaly Csikszentmihalyi）

着手发展一种新颖的理论和方法来解决人类幸福的“如何”问题。[2]就像无聊一样，让我们感到快乐的东西也因人而异。收藏家们可以在他们所热衷的物件上沉浸数小时，满足于探索别
167 人无法欣赏甚至不屑去想的细枝末节。我们到底做**什么**并不重要，重要的是我们如何投入其中，这是希斯赞特米哈伊的见解。他提出的方法论被称为“经验采样”。奇克森特米哈伊使用日记（在今天可以用智能手机）、访谈，或者直接打断采访对象手头的工作的方法，简单地询问人们对日常工作的主观体验。[3]从像霍诺德这样的攀岩者，到工厂工人、外科医生，再到表演艺术家，他们所传达的信息都很明确——当精神非常投入，以至于世界的其他部分似乎都消失了的时候，他们的内心最有成就感的。奇克森特米哈伊的采访对象经常把这种现象称为“心流”。[4]

虽然他们并不总是用完全相同的方式来描述心流，但研究者们一致认为心流有如下必要特征：

- 我们的技能和能力必须能够应对挑战。
- 我们需要一种高度的控制感。
- 我们需要明确的目标和清晰的反馈。
- 我们的注意力必须高度集中。
- 我们的意识必须与正在做的事情紧密相连，以至于我们会忽略自己的存在。

- 无论我们在做什么，都必须感觉毫不费力。
- 我们所做的一切，都是为了它本身——我们有内在的动力，以及
- 我们的时间感变得扭曲了。

其中一些特征可以说是心流的先决条件，而另一些特征则是达到心流状态后的效果。[5]无论如何，它们都是心流体验的重要组成部分，会保护我们免受无聊的侵袭。168

心流的一个关键前提是在当下任务对我们的要求，以及我们能否熟练运用自身能力达到要求之间取得平衡（就像此前提到过的“刚刚好”原则）。根据奇克森特米哈伊的观点，心流总在我们达到了这个最佳状态时发生——当我们与环境和谐一致时。如果平衡木两端的任何一端失控，即能力达不到或者超出了任务的要求，我们就容易感到焦虑或无聊。无聊推动我们寻找更大的挑战，而焦虑警醒我们打磨自己的技能。二者结合，为我们指明了心流的方向。

我们每个人或许都能在本地健身房里尝试攀岩，比如5.4分的攀岩难度。对于像亚历克斯·霍诺德这样拥有娴熟技能的人来说，5.4分像是儿戏了，甚至连热身的效果都没有。他的起点可能是5.9或5.10（对新手来说颇有挑战）。换位思考一下，对攀岩新手来说，5.9的难度堪称不可翻越的大山。不论是哪种情况，都意味着个人技能和任务要求之间有着明显的不匹配。

我们追求的是刚刚好的状态，即挑战难度和技能水平适配，如此才有可能提升我们的极限，将我们带入心流而非无聊的状态。

还记得我们在第二章提到的那个平衡挑战和技能来避免无聊的实验吗？如果我们人为地让人们一直在石头剪刀布的游戏
169 中获胜，那么这个任务不具备任何挑战。人们远没有进入心流状态，他们会觉得这个游戏无聊至极。然而，正如我们所解释的那样，这并不是故事的全部。在与电脑较量中一直输掉的人们首先感到挫败，然后也会感到无聊。[6]

在第二章提到的另一项研究中，我们让两组被试分别观看两个二十分钟的视频。在其中一个视频里，滑稽的哑剧演员慢吞吞地教着初级英语单词，在另外一个视频里，数学家运用无比复杂的数学公式教授高级计算机图形学。无论是哪个视频，人们到最后都想把眼睛挖出来。挑战不足或挑战过度都会使人感到无聊。[7]与奇克森特米哈伊的心流模型相反，无聊不仅仅发生在挑战不足时，而是发生在挑战/技能平衡木出现倾斜时——事情太容易，或者太难。教育界已经发现了这一现象。慕尼黑大学的研究员雷恩哈德·皮克伦（Reinhard Pekrun）表明，当学校的任务远远超过学生的能力时，他们就无法专注其中，并且感到无聊，因为这些任务并不能吸引学生的注意力。[8]

心流的第二个条件是我们处于控制之中。再想象一下亚历克斯·霍诺德的徒手攀岩，我们也许会觉得太吓人了。但这种意料之中的恐惧源自我们的自我意识，即在这种情况下，我们可能已经被吓得灵魂出窍了。对霍诺德来说，情况正好相反。可以肯定的是，当他利用指尖的力量支撑自己悬空在离地几百米高的地方时，有一定概率会粉身碎骨。但他在攀登的过程中，并没有感受到那种迫在眉睫的危险。相反，他感到每一次移动 170
都在计划之中，每一步行动都在控制之中。对他来说，这才是攀岩令人无法抗拒的魅力。在心流状态下，我们会产生一种感觉，即任何可能发生的情况都能被妥善处理，每时每刻都由**我们自己**决定下一刻会发生什么。换句话说，我们体会到一种深深的能动性，这是让心流成为一种巅峰体验的关键因素。

与此相反，无聊会挫伤我们的能动性。当我们感到无聊的时候，控制感就会减弱。任由世界发生在我们身上，我们却无法改变它。正如在第二章中所提到的，无聊在我们还没有开始之前就把我们打倒了，它使我们无法说出自己想做什么，却又强加给我们一种需要做些什么的感觉。如果说心流的特点是能动性达到巅峰，那么无聊即是能动性的谷底。

在石头剪刀布实验的后续研究中，我们用不同的方式欺骗被试。这一次，我们让被试与电脑进行游戏，每个选项的出现概率都相同——这意味着你只能在33%的时间内获胜。我们告诉其中一组被试真相——你的对手是随机出拳，所以你不可能赢得超过33%的时间。对于这组人来说，他们没有办法掌控游戏，因此持续的游戏变得单调而无聊。我们对第二组被试撒了谎，告诉他们对手采用了一种可利用的策略，如果他们能将这种策略弄清楚，就会赢得更多的时间。这组人一点也不无聊，尽管他们赢的时间没有超过33%哪怕一点。仅仅是获得控制权的可能性（即使控制权从未真正实现），就足以抵御无聊。

我们已经说过，霍诺德要想成功地徒手攀岩，他必须精心
171 策划，不放过任何细节，就像佩蒂特花了多年时间策划他的双子塔走钢丝一样。攀岩的难度必须要能挑战他的极限，但同时也需要完备的计划，让每一个动作都是经过排练、预料之中的。他的动作必须恰到好处，甚至不需要想，就能感觉到身体和岩石的反馈，为下一个动作做准备。要想达到心流，任务的要求必须是可预测的，才能让成功就在指尖。它必须是一个**可及的目标**，否则技术和挑战之间那种难以捉摸的适配度就会消失。小菜一碟的攀岩不会让霍诺德在攀登过程中进入心流状态。正如我们石头剪刀布的研究表明，完全控制是很无聊的。对结果百分之百的把握会剥夺我们让不可能成为可能的机会。无聊和心流代表着控制光谱的两端，受到能动性水平的不同影响。能动性的提高会导致更少的无聊和更多的心流。然而，当预测总是准确，对结果总是有把握，觉得自己无关紧要的我们便不再专注。

我们需要清晰的目标和明确的反馈，才能达到心流。如果我们不确定自己想要达到什么目标，或者我们无法衡量自己离目标有多远，心流就不会发生。为了避免无聊，我们必须能够有效地表述我们的目标，或者至少能够从已有的选项中选择

我们想要追求的目标。拖延也许是难以决定目标的最明显的症状，可能会导致我们无聊时有种“卡在那儿了”的感觉。事实上，容易感到无聊的人也更容易拖延。极其容易感到无聊的人会经常发生一种特殊形式的拖延，最好的描述是“犹豫着 172
犹豫着就不想做了”——在决定是否开始做某事时的一种犹豫不决。[9]渴望投入其中但又不想开始才是无聊的核心所在。伴随心流的是明确划分的目标，这一事实不能解释如何成功地设定目标，也不能解释为什么当我们感到无聊的时候会出问题。然而，我们不一定非要从事有明确反馈的目标导向性的活动才能避免无聊。做白日梦就是一个例子。可以说，虽然没有明确的目标，也缺乏任何形式的反馈，白日梦仍然吸引人。

当我们向分心屈服时，心流也就随之瓦解。对于霍诺德或佩蒂特来说，任何注意力的松懈都将是灾难性的。研究一次又一次地表明，无聊伴随着注意力的松懈，无论是日常事务中的失误（例如把橙汁倒在麦片上），还是实验室任务中的不良表现。[10]但是，有没有一些状态是不需要集中注意力但又可以避免无聊的呢？换句话说，你是否一定需要集中精力才能避免无聊？躺在海滩上放松似乎不需要什么注意力，而我们大多数人都不会觉得这很无聊。同样，我们也能回忆起有时自己躺在阳光下的沙滩上，努力想要放松，却坐立不安，想做点别的事情。放松已然变成了无聊。因此，虽然注意力对心流是至关重要的，而注意力的松懈是常见的无聊体验，但这并不意味着注意力缺失就一定会导致无聊。我们的头脑必须被占据，但不需要为了避开无聊而强烈地集中精力，让每一次行动都无懈可击。

173 在心流的状态下，对自我的所有意识都会消散。在这个意义上，心流近于焦虑的反面。焦虑显然代表着我们面对或真实或猜想的威胁时对自我的忧虑。[11]当我们全神贯注于某项活动，以至于注意力无法分散时，日常的恐惧和担忧就会消失得无影无踪。攀岩家又是个很好的例子。攀岩运动员并非找刺激或者求死，他们之所以一次又一次地投入在我们许多人看来惊心动魄的挑战中，是因为在攀登中他们能获得完全的平静。事实上，奇克森特米哈伊的许多受访者都强调，他们追求的是心流的感觉，一旦身处其中，他们就不会感到恐惧抑或焦虑。霍诺德称："我一般都是在没有恐惧的情况下攀登困难的路线。"[12]相比之下，无聊与自我意识密切相关。无聊的人痛苦地意识到，他们一直无法在活动中抛开自我。在自我专注方面，无聊确实是心流的对立面。经常感到无聊的人也有类似的感触，无聊与自我专注、焦虑和神经质有强烈的关联。[13]从这个角度看，无聊和心流代表了对自我关注的两个极端。

从他所做的大量采访中，特别是对那些从事攀岩等极限运动的人的采访中，奇克森特米哈伊提出，要想进入心流状态，我们从事的活动必须让我们感到毫不费力。这并不意味着必须去做那些不需要复杂的身体或者心理技巧的活动，而是说，这些活动应该可以使我们游刃有余地运用这些技巧。任何看到霍诺德完成第一次徒手攀登酋长岩的人，都不会怀疑这需要大量身体和心理技巧。[14]霍诺德自己也指出：“我在攀登时什么都不想，这也是攀岩具有吸引力的一个原因。”[15]很明显，他的手和 174
脚的位置需要精确，需要大量的准备、技巧和练习。在执行时，却**感觉**毫不费力。

对于霍诺德来说，攀岩本身就是奖励。作为攀岩界的明星无疑有其他的好处，但我们怀疑，这就是他攀岩的出发点。那些有幸体验心流的人，都找到了对他们来说本身就是奖励的活动。追求这种活动纯粹是为了获得完全沉浸其中并受到最佳挑战所带来的愉悦和回报。在这个层面上，心流也是无聊的反面。当我们无聊的时候，我们找不到任何想做的事情，更不用说仅仅为了做而做的事情了。本身就是回报的活动很容易吸引和维持注意力，我们从来不需要强迫自己去做这些事。这些活动和无聊的关系就像油和水一样——它们根本无法相融。

心流的最后一个核心要素是时间的扭曲。奇克森特米哈伊指出，虽然这通常指的是时间的压缩——感觉时间在几分钟内就过去了，但情况并非总是如此。对细节的强烈关注，对此时此刻的体验的专注，也会让人感到时间仿佛静止了。

无论在哪种情况下，处于心流中的人都会感到自己从时间中解放了出来。与心流相关的时间扭曲——无论是压缩还是延伸——都与专注的强度有关，而专注是享受这种状态的关键。

这与无聊形成了鲜明的对比，在无聊状态下，时间会被拖长。[16]我们常说的例子是在车管局等待叫号，除了静等时间过
175 去，什么也不做了。时间以冰川般的速度移动，这是无聊的一个组成部分，在长期经历无聊的人身上表现尤其突出。当我们感到无聊时，时间缓慢拖行，因为我们没有精神投入。[17]时间的缓慢行进是我们觉得无聊的核心原因之一。

表9.1　心流与无聊的对比

	心流	无聊
技能/挑战的平衡	“刚刚好”	太容易/太难
控制感	最佳点	太多/太少
目标设置	目标清晰	无法启动
专注力	高度专注	注意力松懈
自我意识	“无我”	自我专注
付出	毫不费力	费劲
动力	内在动力	徒劳
时间	扭曲（压缩或延伸）	缓慢行进

从表9.1中我们可以看到，在许多方面，无聊和心流似乎确实是两个极端。但说心流是无聊的反面，并不等于说只有进入心流状态才能避免无聊。心流代表了一种高强度的投入，而这种强度未必是避免无聊的必要条件。心流作为无聊的反面，关键不在于其强度，而是它代表着我们与世界成功交手，代表着我们的技能和才能得到了成功部署。

如果心流不是摆脱无聊的唯一途径，那么还有什么办法符合条件呢？

心流之外

根据定义，对某事感兴趣的特点就是增强投入，明显的表 176
现是坚持和专注；因此，兴趣似乎是无聊的另一个合理的反面。[18]显然，如果我们在做某事的时候感觉到了兴趣，那么就不能说我们是无聊的了。我们曾认为，如果某件事不符合我们的期待，不能占据我们的头脑，那么它就是无聊的。但什么东西才是有趣的呢？是某些对象或活动天生就有趣吗？探讨这些问题可以澄清兴趣是（同时也不是）无聊的反面。

哲学家丹尼尔·丹内特（Daniel Dennett）在他所说的达尔文的“奇怪的逻辑倒置”中强调了这个问题：是什么使某事变得有趣。[19]他提出了一个反直觉的主张，重构了我们对兴趣和投入的思考方式。蜂蜜提供了一个很好的例子。丹内特的主张是，与常识所暗示的相反，我们并不是因为蜂蜜甜美所以喜欢它。相反，正是因为我们喜欢它，蜂蜜才是甜的。其中的逻辑是这样的：葡萄糖含量让蜂蜜变得重要，正如丹内特指出的那样，再怎么检查葡萄糖分子你也不会得知为什么它是甜的。然而，进化的历史已经证明，找到能提供葡萄糖的食物来源对人类祖先来说非常重要。那么，当我们找到了一个好的来源时，我们就会把这个来源的味道和快乐结合起来，以此强化它的重要功能——使得人类存活。最终，这种“蜂蜜似的味道”转化为对甜味的偏好。因此，进化的力量推动我们感受到甜味带来
177 的快感——享受葡萄糖分子在舌尖的感觉，以此来保证只要我们找到蜂蜜，我们就能享用它。

同样的逻辑倒置也可用来解释可爱、性感和有趣的事物。婴儿本质上并非可爱，而是因为他们适应人类对幼崽的喜好。某些体型被认为是性感的，是因为这种体型适应人类繁衍。冷笑话之所以搞笑，也是因为它符合人们有效且有逻辑地解决问题的习惯——正如丹内特所说的“调试的乐趣”。换句话说，捕捉到推理谬误是有启发性的，我们将其感受为有趣，以确保将来也会这么做。[20]这些理想的特质——甜、可爱、有趣——并不是事物本身所固有的，而是进化过程的结果，并且随着时间的推移塑造了我们的欲望。这种逻辑倒置虽然乍一看很奇怪，但当谈到诸如人们对高热量食物的近乎普遍的欲望时，它还是有道理的。但是，达尔文的逻辑倒置如何能解释一个人对交通锥的持久热情呢？

戴维·摩根（David Morgan），著名的“英国呆子”，也是世界上最大的交通锥收藏品的主人。[21]值得注意的是（对于那些了解情况的人来说），他的收藏中包括一个价值极高的1956年林维尔橡胶锥，来自苏格兰。戴维热情地描述了他对这些收藏品的热爱。“有这么多不同的形状、大小和颜色，而且模型

总是在变化。”以推崇“普通、日常的东西”而著称的呆子俱乐部最近对戴维的兴趣表示赞赏，将他列入了他们2015年的年度日历中。戴维的日历伙伴包括英国环形交叉路口鉴赏协会的主席凯文·贝尔斯福德，他们的兴趣是那么令人惊讶，又奇怪得迷人。他们奇特的兴趣使人们明白，事物并非天生有趣。兴趣，就像爱情一样，在你我的眼神里。但是，为什么一个人可以从收集交通锥中获得乐趣，而另一个人却必须走过纽约双子塔之间的钢丝，还有一个必须在没有绳索的情况下爬上三千英尺的悬崖峭壁才能获得乐趣？[22]企图通过进化程序来解释人类兴趣的广泛性太难了——我们的兴趣就是这么有个性。 178

然而，把达尔文的逻辑倒置应用到交通锥达人戴维·摩根身上，我们不会说，他是因为交通锥有趣而对其感兴趣，我们会说，交通锥之所以有趣，**是因为**戴维对它们感兴趣。在这种思维方式下，兴趣是一种结果，而非原因。戴维大概和我们其他人一样，天生就渴望尝到甜的食物（如蜂蜜）。[23]我们严肃地怀疑他对交通锥的兴趣是否同样是天生的。如果进化过程没有直接形成他那不同寻常的爱好，那是什么让他如此呢？我们认为可能是无聊。

生物学对人类的塑造是，我们喜欢精神上的投入，这让我们感觉很好，反之则感觉不好。投入带来的愉悦源于一个事实，即我们能够与世界交互，获得技能的掌握以及发展。这种对于精神投入的渴望因此激励我们去参与，去投入。一旦我们投入某事当中，神奇的事发生了——我们对这件事的关注**使它变得有趣了**。来自日本清泉大学和京都大学的布井雅人（Masato Nunoi）和吉川左纪子（Sakiko Yoshikawa）证明，那些我们深
179 入关注的事物比起不太关注的事物更受我们青睐。[24]他们在实验中向被试展示各种抽象的形状，并要求他们做两件事中的一件——报告形状在屏幕上的位置，或者告诉实验者他们是否能够与形状产生某种关联。例如，他们可能会说，这个形状像一条狗——这个实验很像识别云朵的形状。对于某些形状，人们完成一次便能胜任，有些则需要多达五次。后来，他们再次向被试展示了那些抽象的形状，包括被试从未见过的新形状，并简单要求他们评价对这些形状的喜爱程度。你可能会觉得，新形状会胜出。但事实并非如此，人们最喜欢的形状是那些他们见过多次并且能产生多次联想的形状。

全神贯注的力量使某件事情变得有趣，这在很多方面都类似于一个较早的研究发现，即所谓“曝光效应”，它来自罗伯特·扎荣茨（Robert Zajonc）始于20世纪60年代的开创性工作。本质上，曝光效应表明，人们更喜欢他们熟悉的事物。即使你在第一次听一首歌时对它的评价很糟糕，但在第二次听时，你对它的评价会提高，而且可能比第一次听时更高。[25]我们似乎天生就喜欢熟悉的事物。有人引用罗伯特·扎荣茨的话，来从进化的角度解释：“你熟悉它，意味着至少你不会被它吃掉！”[26]

最关键的是，这种对熟悉事物的偏爱真的很强烈，在布井

雅人和吉川左纪子的研究中，他们在被试第一次看到抽象形状的六周后再次对他们进行了测试，人们仍然更喜欢曾经深入关注和探索过的东西。我们很难刻意关注像交通锥这样在生物学 180
上并不驱动我们去关注的事物。但如果我们能迎接挑战，全身心地投入对它们的关注中，它们最终也会变得有趣。无聊不会把我们推向交通锥，或者其他类似的任何事情。无聊让我们远离精神上无所事事的不适感。如果此时交通锥恰好在我们面前，我们可能会像戴维·摩根那样，对它们产生终生的热情。从这个意义上说，无聊是一种前期的兴趣机制，促使我们产生精神投入。一旦投入任何事中，兴趣就会产生，进而加深和维持我们的投入度。[27]

这个故事的寓意是，如果你给一些平平无奇的事物足够的注意力，如果无聊的推动力让你想要投入，你也可以有自己奇特的——也许对别人来说是无聊的——兴趣。我们认为无聊是一种推动我们与环境接触的前兴趣机制，这说明无聊和兴趣在功能上是不同的。但无聊的**感觉**与兴趣的**感觉**呢？它们是对立的吗？我们认为不是。无聊指的是我们的精神状态，即我们没有精神上的投入。兴趣则是一些更特别的东西——钓鱼、古典音乐，甚至是交通锥——我们参与其中。无聊是一种无内容、无对象的渴望。虽然兴趣和无聊不是严格的对立关系，但它们从不共存。如果我们此刻兴趣盎然，就不会同时感到无聊。更准确地说，无聊不仅仅是缺乏兴趣。无聊除了感觉到手头的事情不够有趣，无法满足之外，还包括一种不安分的投入欲望。

181 兴趣也不等于心流。对某件事情感兴趣可以但不一定导致心流状态。首先，我们可以对客观上令人不悦的事物感兴趣——想想恐怖电影。根据定义，心流是愉悦的。所以，你可以对一部恐怖片感兴趣，但当下的惊吓很难说是愉快的。而对心流至关重要的控制感或能动性呢？想想早期恐怖电影中几乎无处不在的场景：一只猫突然从窗帘后面跳出来。我们也许早有预感会被吓到，但我们的心还是猛跳了一下。在立体声和音乐艺术的摆布下，即使我们知道这很可能是个骗局，也会不自觉地吓一跳。所以，看恐怖片可以不需要严格意义上的愉快，也不需要我们去感受心流，就能让人觉得有趣和投入。正是这种投入感，让我们能够有效地与这个世界连接起来，抵御无聊。

如果我们继续追问无聊的反义词，来寻找解决无聊带来的不适感的最佳办法，我们必须考虑一下好奇心，而不仅仅是兴趣。有句话是这样说的："无聊的解药是好奇心，而好奇心无药可解。"[28]也许好奇心是无聊的反面，而培养好奇心也许是抑制无聊的好办法。正如我们在第六章所暗示的，人类一直以来就对我们周围的世界感到好奇，这种好奇心足以推动我们探索世界的荒凉之地，从极地冰盖到外太空。和兴趣一样，好奇心也和被环境中的某些东西所吸引而产生的感觉有关。我们想要知道下一个拐角处藏着什么。同样，和兴趣一样，如果说我们对同一件事既好奇又厌烦是不恰当的。但是好奇心和无聊确实又

有着相似的功能——示意想要探索的动机。 182

好奇心会激发我们对某件事情展开探索，无聊会促使我们解决更普遍的精神上不投入所带来的不适感，而兴趣则有助于让我们持续投入。探索本身有很多作用：寻找资源（如食物、住所、伴侣），寻求信息以填补知识的空白（比如，为什么山谷这边的葡萄更多？），学习世界是如何运作的（比如，婴儿为什么一直从婴儿椅上丢东西），等等。[29]在好奇心的刺激下，探索性行为能将行为经济学家所说的机会成本降到最低。也就是说，如果我们决定满足于自己在这个世界上的命运，而从不去探索周遭，不去发现新事物，我们就有可能错过更丰富的资源或机会。山谷里的浆果也许现在很好吃，也很充足，但如果拐角处的浆果更大、更多汁、更丰富呢？不去探索，我们永远不会知道答案。[30]

好奇心被认为包括两种类型：信息寻求和刺激寻求。[31]前者的目的是解决知识的空白。当我们对世界的认识存在漏洞时，就会寻求更多的信息。后者与对不同体验的需求有关——不是寻求刺激本身，而是寻求新的感觉和体验的欲望。这两种类型显然是相关的。任何寻求新的感官体验的行为都可能凸显出我们对这个世界不了解但又想了解的东西：为什么我们第一次遇到的某些事物的味道、感觉或外观是这样的？

研究者们还没有详细探讨好奇心和无聊的关系，但有一些 183
迹象表明两者是负相关的。[32]在学术环境中，好奇心和无聊不仅处于投入度的两端，它们还与学习以及我们赋予手头任务的价值有着不同的关系。这可能是显而易见的。与让我们无聊的东西相比，我们当然会更看重让我们好奇或感兴趣的东西。好奇心和无聊对学习策略的影响也不同。兴致勃勃的时候，我们往往会采取最佳的学习策略，投入对所学知识的复习和批判性思考中，并且利用策略来丰富或者拓展学习材料所涵盖的知识。这些学习策略都与无聊负相关。感到无聊时，我们难以采取有效的学习态度——这种态度往往是通过好奇心培养起来的。

好奇心和兴趣代表着我们的心灵被填满。它们说明，我们不一定必须达到心流状态才能做到投入。然而，心流、好奇心和兴趣都与无聊迥然相异，因为它们都涉及对目标的有效追求。我们对实现某件事情的渴望是否会导致一种强烈的远离喧嚣世界的感觉，是否会让我们精力高度集中以至于数小时的时光倏然而逝，这些都不是那么重要。作为无聊的解药，重要的是我们有一个可执行的目标，让我们的头脑投入其中，让我们能够发挥技能、表达欲望。

但是，有没有其他方法避免无聊，同时并不需要一个具体目标呢？

闲散但不无聊

184 试着回想一下，你上一次真正的、深度的放松是在什么时候。也许是在乡村别墅里，或者是在海滩上，手捧尤·奈斯博最新的惊悚小说，甚至只是躺在沙发上，看着午后的光线在地板上缓缓移动。无论在哪里，你的头脑都是清晰的，工作的念头无处可寻，烦恼和紧张丝毫不存。什么都不需要改变，你什么也都不想。这就是放松的关键——显然没有什么不安分的冲动，不需要做什么。没有特别的目标，没有迫切的追求，有的只是时间。

放松是一种低能量、愉快的感觉。无聊在一定程度上是一种不安分的渴望，渴望有事可做。处于这种渴望中的我们无法放松。无聊总是不愉快的，而放松天然使人愉悦。但我们可以将这种对比更深入一些吗？本质上说，放松是没有未被满足的渴望。正是这种**渴望**的缺失，才使它更深刻地具备了成为无聊的反义词和解药的资格。无聊的基础是一种强烈的感觉，即精神投入的渴望得不到满足。当我们放松的时候，我们是自由的，没有未满足的欲望的负担。[33]事实上，仅仅是告诉极易产生无聊的人放轻松，就能减少他们当下的无聊感。[34]

乍一看，似乎无聊和放松其实有一些共同点——头脑未得到充分的利用。但它们显然不是一回事。放松的时候，那些以目标为导向的欲望不会让我们感到负累，这和精神上无所事事是不一样的，后者是无聊的前提条件。即使是在放松的状态下，185
我们的头脑也会被占据。也许我们正沉浸在白日梦中，为未来做着打算，或者在花园里闲逛。我们的心智是有投入的，尽管是以一种有点不集中的方式。我们甚至可能没有刻意地安排自己应该想些什么，而是让我们的想法随心所欲地飘来飘去。尽管如此，我们的头脑还是被占据了，无聊时却不是这样。

在日本，最近有一种被称为“森林空气浴”的活动大受欢迎。[35]简单说来，就是在大自然中度过一段时间，休养生息。将在森林中的时间与在城市环境中的时间进行比较，结果显示，当人们在森林中时，敌意和抑郁情绪明显减少。无聊也是如此。也许在大自然中有一些特别重要的东西；或者它只是一个生活需求缩减的地方，在那里，我们更容易放松下来。事实上，很多人都觉得在日常生活中很难放松。如果没有持续不断的活动，没有朝着成就奋斗，没有寻找抓住我们注意力的事物，我们常常会陷入无聊，很快就会发现自己在寻求刺激。放松需要有能闲下来但不无聊的能力。

要避免无聊，不一定要处于心流、兴趣、好奇或放松的状态。但是，这些状态都在某种程度上与无聊相反，而且都澄清和加深了我们对无聊的理解。无聊的时候，我们头脑空空，却无法补救这种情况，因为我们的想要投入的欲望是**无效**的——我们被困在当下，又没有不请自来的解决方案。我们陷入了无
186 聊的欲望难题。而无聊的对立面则以满足的欲望、精神投入和强烈的能动性为特征。回到徒手攀岩者亚历克斯·霍诺德身上，我们可以推测，他对这项运动的热爱涵盖了无聊的所有对立面：他会处于心流的状态，他对打磨技术感兴趣，他对新的

登山伙伴、新的攀登征程感到好奇，攀登成功之后他会得到强烈的满足感，随之而来可能的是片刻的放松。我们不知道这是否意味着他从未经历过无聊。但攀岩或其他全身心投入的运动可能会满足我们对能动性的需求，减少无聊的损害。可以肯定的是，如果这些不同的投入形式确实都是无聊的对立面，那么，也许在追求它们的过程中，我们可以防止无聊的发生。但这仍然留给我们一个问题，那就是当无聊感真的来袭时，我们应该如何应对。

结语

· · ·

当你凝视着前院时，一个想法突然冒了出来——要是当初 187
拍摄一部延时电影就好了，一定会很酷。不是为了记录季节变化，而是为了记录自己这几年亲手耕耘带来的变化。

你的前院曾经只是一块草地——各种各样高矮不一的杂草——现在已经非常规整了。十几种不同颜色的郁金香预示着春天的开始。院子右边，你种了一棵三色山毛榉，它的叶子是深紫色的，镶着淡粉色的边。院子左边是菜圃，有光秃秃的甘蓝藤和残留的豆藤——这些都是去年收获后留下的。一条时宽时细的小路从中蜿蜒穿过，小路的前方是一丛枝条下垂的桑树，周围爬满了百里香。你花了好几年来布置这片景色。

这样的景致需要不停地除草。一次又一次。

每次你开始除草的时候，你都会想，是否只是为自己平添这些无休止的工作。是这样没错，但你喜欢这些工作。当你在院子里走来走去，清除不属于这片天地的杂草时，你感到自己

在进步。你眼前有个目标，当你达到这个目标时，一切看起来
188 都很棒，你知道这来自双手的劳作。这也许不值得什么奖品或赞美，但无疑是你的成功。

无论从哪个角度看，除草都应该是无聊的。它单调，也不是什么严格的挑战，它对你生活的意义或价值不值一提。那为什么人们喜欢除草呢？某种程度上，它让你能投入其中。当你除草的时候，你明确知道现在要做什么，接下来要做什么。当你除完草之后，你有一种成就感。你的行动带来了直接和令人满意的变化。

· · ·

无聊是对行动的号召。我们可以用各种方式回应这一号召。我们可以试图掩饰无聊来逃避它。一头钻进互联网或社交媒体的兔子洞当然能消磨时间，但某些时候我们会意识到自己在一直在做的这些事没什么价值。寻求刺激或者不断的新奇事物也好不到哪里去。这个策略往好了说是一种冒险，但根本没有可持续性。认为我们有资格也有能力创造不断变化、永远刺激和新奇的体验的这种想法，也注定了我们要与无聊做持久的斗争。无聊的信号表明我们需要行动，需要改变我们正在做的事情，需要让我们的头脑投入某件事。但是，如果把这种信号转化成一种需要永远保持兴奋的信号，那么这种欲望就不可能得到满足。

我们不应该掩饰或者逃避无聊。事实上，对无聊做出良好

的反应会赋予它价值。接受不适感能够让我们免于停滞不前，因为不适感恰恰激励我们采取行动。从这个意义上讲，无聊不好也不坏。解开无聊的诅咒，避免无聊的祸害，关键在于我们如何反应。

但应对无聊并非易事。无聊的人其实想做些事，同时他们 189
心里又没什么特别想做的事——这是一个难解的问题，如同戈尔迪之结。[1]苦于无聊的烦闷，我们想象也许刺激就是解药，但这正是无聊这一信号的神秘之处。越是显而易见的解决方法可能越容易使问题复杂化。更多时候，陷入无聊的痛苦中的我们期待世界能帮我们解决这个难题。我们也许会一股脑儿地尝试很多不同的方法，看看什么能让我们满意。或者，像孩子恳求父母帮他们解闷一样，我们会要求他人为我们解决这个问题。正如戈尔迪之结的解法并非一目了然一样，无聊的解药也并非就摆在我们面前。相反，它源自我们内心。

我们决意要成为自己生活的主人。当我们感到无聊的时候，这种能动性——一切都在掌控中的感觉——消失了。我们在第二章提到了渔人和软木塞的故事。漫无目的地漂浮在汪洋大海上的软木塞没有能动性，仍凭自然摆布。相反，渔人可以选择何时何地抛锚，也可以在暴风雨来临前收拾东西上岸躲避。[2]

无聊告诉我们要重新发挥能动性，同时它也提醒我们，能动性是有限的。我们既不是上帝，无法强迫世界屈服于我们的意志；也并非被动的容器，无力地等待着被填满。我们处于两者之间一个或许令人难以接受的尴尬地带。当无聊的信使到来，我们最好采取行动，发挥能动性，尽管它可能是有限的。很多
190 时候我们恰恰做了完全相反的事。我们采取了抑制能动性的行动，时间一长，这只会让我们与无聊的斗争变得更糟。

伯特兰·罗素在其20世纪上半叶写就的作品中声称，无聊实际上正变得不那么普遍，但更具威胁性。[3]根据罗素的说法，这种威胁性与我们对无聊的恐惧有关。我们到底在害怕什么？无聊令人苦恼，仅仅出于这个原因，我们就害怕它。引起这种恐惧的至少还有另外两个因素：其一是对我们自身不足的恐惧，其二是对我们失败的恐惧。二者都是对能动性的挑战。

乍一看，我们因为恐惧而对无聊做出适得其反的反应听起来很是奇怪。其实没什么古怪的。当面对任何令我们苦恼的情形时，我们都会寻求解脱。越是痛苦，我们就越是专注地寻找当下的解脱。长期的后果显得不那么重要，我们更关注即时的解脱。

由于害怕无聊，我们拼命寻找那些能轻易获得的活动，以尽快将我们从无聊中解救。这样的活动在**设计**之初就是为了控制我们的注意力，本质上是将我们困在不用动脑的操作中。网页上的那些点击按钮让我们精准陷入广告商的控制范围。游戏里精心设计的关卡让我们顺利闯进下一关。发牌机上的铃声和哨声刺激着我们再来一局，即使我们已经输掉了毕生积蓄。[4]这

些东西吸引着我们的注意力，但它们只是把我们当作达成目的的工具，绕过了我们对投入的需求。这些吸引眼球的手段在短期内都很有效。事实上，急切地想要摆脱无聊的我们根本抵抗不了这些活动的诱惑。长期来看，我们越是依赖这些外在的东 191
西来解决无聊问题，我们的能动性就越是萎缩。一旦萎缩，我们就愈加容易受到无聊的影响。这个不断加速的恶性循环只会变得越来越难停止。恐惧加剧了这个循环，确保我们会被无聊持续困扰。实际上我们并不需要害怕。包括无聊在内的任何负面情绪本身并不危险，相反，它指向了需要解决的危险。无聊的关键信息是我们的能动性消失了，而我们需要做些什么。杀死信使无济于事，只会让我们忽视这样一个事实，即我们真正的需求未被满足。满足指的并非**仅仅是占据**我们的头脑，而是挑战头脑——在与世界交互的过程中实施我们的能动性；满足指的是成为渔人，而不是软木塞。

对无聊的适应性反应是怎样的呢？正如我们在上一章所讲的，寻求一种心流状态，培养好奇心，抑或只是放松，这些都是有效的投入。除了这些，还有一种选择，即置身当下。作为对无聊的回应，它让我们抛开寻找解脱的想法，而是专注在此时此刻。向内凝视让我们更加仔细地审视内心的源动力。对此加以练习，我们会变得专注于当下和自己。换句话说，我们变得心无旁骛。

正念，冥想的一种形式，培养的是不做判断地专注于思考

和感受的能力。它与较低水平的无聊相关。有着较强正念技能的人报告的无聊水平也较低。[5]即使单纯从定义上来看，无聊
192 和正念都是不相容的——我们越是无聊，越是不会进入正念状态。[6]部分原因在于，正念通过减少我们对无聊处境的情绪反应来避免无聊。正如其他令我们苦恼的感受一样，我们越是害怕无聊，越是想要从无聊中解脱，它就越是令我们痛苦。[7]正念也许能帮助我们打破用更多的负面情绪回应负面情绪的怪圈，防止我们用恐惧和敌意应对无聊。[8]在我们尝试逃避无聊的时候，我们也剥夺了学会如何置身于当下，以积极的方式重整自我能量的机会。为了发现内心深处最想做的事，我们需要忍受一段时间的低落，在此期间我们的思考和行为不为外界所引导。通过接受感到无聊的风险，我们得到了找到解药的机会。与其和无聊做斗争，不如接受无聊的处境给了我们日后摆脱它的可能性——我们有机会认识自己的欲望和目标，这样我们便可以自己的方式投入并致力于一个有目标的行动。

与其说无聊是件好事，不如说偶尔不被世界刺激是好事。正如安迪·沃霍尔所言："你得让那些平常会让你无聊的小事突然让你兴奋起来。"[9]接受更少的刺激，抵制那种让外在的事物来驱动和控制我们的行为的冲动，是一件好事。换句话说，我们可以有意识地选择我们在生活中做些什么以及做这些事的节奏。[10]

如果允许外部力量来决定我们投入世界的方式，而这些力

量在设计之初就是为了吸引和抓住我们的眼球，那我们便与自我疏远了。相反，当这些力量退去，我们还有再次找到自己的 193 可能性；也就是说，发现自我。[11]一方面，这是一种幸运，是迎接我们的能动性以及根除无聊的先决条件。另一方面，好好地审视自我并不总是令人愉快。俄裔美籍诗人、散文家约瑟夫·布罗茨基在达特茅斯学院的毕业典礼上，发表了困惑众人的演讲。他盛赞了无聊的美德，称它“以自己的视角打量你的存在，其最终结果是精确和谦逊。你是渺小的，因为你是有限的”。[12]

当“欲望–行动–新的欲望”这个循环停滞不前时，当我们感到无聊时，我们便会瞥见，在时间的无限性面前，我们的行动终将是徒劳。正如之前提到的那样，无聊提醒我们，我们的能动性是有限的——我们既不是神，也不是空空的、等待被填满的容器。我们需要做的是接受自己的平凡。我们必须愿意在时间里驻足，勇敢面对自我的平凡，在做到这些的同时不向无聊屈服。[13]有效地回应无聊需要你接受自己的局限性。无聊提醒着你，你是有限的，你的行动最终无足轻重，然而它也要求你做出选择，投入活动。在布罗茨基看来，这就是无聊给我们上的重要的、鼓舞人心的一课。虽然你的行动微不足道，但你必须采取行动。这不是什么悲观的困境。相反，这就是生活本身：“然而，事物愈是渺小，愈是充盈着生机、情感、喜悦、恐惧、悲悯……激情是渺小的人的特权。”[14]

因为你是有限的，并且受制于永远存在的各式各样的无
194 聊，所以你能够体会到激情。尼采有句话说得很好，他曾经恶作剧般地沉思道：“上帝在创世第七天时的无聊可以成为一个伟大诗人的创作主题。”[15]全能和永生意味着一切皆有可能，这就很难让你特别重视某件事。另一方面，激情的投入发端于对时间之短暂的认识，源自人类的能动性，是一剂治愈无聊的万无一失的解药，也是你的最佳状态。

当无聊的信使到来时，明智的做法是深吸一口气，抛掉任何可能控制你注意力的东西，接受自我的局限性，然后追求能够实现能动性的行动。没有简单的、一刀切的一套行为准则可以替你做到这一点。无聊不会告诉你应该做些什么；我们也不能。

我们提出以下原则来代替简单的答案。寻找能够明确而不是模糊你的欲望和目标的活动。追求能够实现你的价值的目标——对你来说重要的目标。为了某事本身而做这件事，而不是为了逃避其他事。选择能让你的周遭充满魔力的活动，这样你就会进入更深的连接之中（想象戴维·摩根对交通锥细微差别的着迷！）。采取行动来表达并拓宽你的效能。找到能够让你作为一个独立个体投入其中并且表达自我的活动。

无聊让我们面临一个简单但又深刻的问题：你要做什么？这个问题需要回答。很少有比这更重要的问题了。

注 释

第一章 无聊的别名

1.《牛津英语词典》称“无聊”一词首次出现在查尔斯·狄更斯的《荒凉山庄》中，初版于1852/1853年（Dickens, 2003）。然而，本书中的这段对话来自英国广播公司（BBC）2005年对这本小说的改编。最接近书中的引文是“戴洛克夫人说她已经‘无聊到死’了”（21），“无聊”是在这里第一次出现的。“就在上周日，夫人在无聊的惆怅和绝望的夹缝中，因为自己的女仆精神焕发而几乎恨透了她。”（182）

2. 拜伦勋爵撰写了讽刺史诗《唐璜》并在其中使用了**无聊**这个形容词。“社会现在是一个经过雕琢的部落/由两大族群组成，即生厌的人和被厌的人。”［Byron, 1824（2005），第13节，第95节，第7—8行。］

3. 拉尔夫·瓦尔多·爱默生在1841年写到法国人的无聊：“这个在我们撒克逊人中没有名字的法文Ennui（无聊），有着可怕的含义。它缩短了生命，剥夺了白天的光明。”（爱默生，1971；见Paliwoda的讨论，2010，p.16）

4. 我们称之为**无聊**的体验起源于乏味、倦怠和厌世——罪恶的懒惰或对履行上帝的责任漠不关心。因此，无聊并不是在工业革命时期——赋予戴洛克夫人大量闲散时间的时期——首次出现的。

5. Ferrell（2004）; Frolova-Walker（2004）; Raposa（1999）; Spacks（1995）; Svendsen（2005）; Toohey（2011）; Wardley（2012）; Winokur（2005）.

6. Toohey（2011）.

7. Toohey的翻译。参见Martin et al.（2006）对无聊在古代的定义的进一步讨论。

8.《传道书》1:9（新国际版）。虽然这一描述类似于塞内加对单调的抱怨，但更准确的解读是寻求物质满足最终是没有意义的。后来，作者声称，在最终的死亡面前，即使获得智慧也毫无意义，以及他“憎恨生命”。也许这段话代表了一种精神联系的缺乏，甚至是抑郁症。

9. 这位官员是如何消除无聊的，这点不得而知——但他做到了，这是肯定的。

10. Kuhn（1976）. 本都的伊夫纠斯（Evagrius of Pontus，345—399）是一位基督教僧侣或沙漠教父，据说他提出了第一个关于厌烦症的学说，并提供了以下描述："患有厌烦症的人的眼睛一直盯着门看，他的智力想象着有人来拜访。一听到门吱吱作响，他就跳了起来；一听到声音，他就靠向窗外，坐在那里直到全身僵硬都不离开……他揉揉眼睛，伸伸胳膊，把目光从书上移开，盯着墙看，又继续读了一会儿书，翻动着书页，他好奇地翻到书的结尾，一边数着页数，一边计算着聚会的次数。"（引自Nault, 2015, p.29）

11. 直到文艺复兴时期，“正午恶魔”才被用来指代忧郁症，而不是更近于无聊或厌世的症状。僧侣所经历的忧郁症甚至更确定地是与他们在研修中过于单一地关注数学和科学有关！ Solomon（2001）。

12. 特奥多·魏茨于1849年出版了《作为自然科学的心理学教科书》，对感觉的心理学研究做出了重大贡献（Romand, 2015; Teo, 2007）。

13. 根据魏茨的说法，只有当我们所期待的思绪流动被抑制时，我们才会意识到无聊这样的情绪。

14. Lipps（1906），引自Fenichel（1951, p.349）。利普斯受到魏茨的影响，继而影响了弗洛伊德。

15. Galton（1885）; James（1900）; Waitz（1849）.

16. 根据许多存在主义者的观点，缺乏意义是人类痛苦（包括无聊）的核心（Maddi, 1967, 1970）。维克多·弗兰克尔的观点非常著名，他认为寻找和满足生命意义是人类的基本需求（Frankl, 1978）。当人们不能满足这种需求时，他们就会被"存在的真空"所吞噬。这样的人"意识不到一种值得为之存活的意义。他们被内心的空洞虚无所困扰"（Frankl, 1959, p.128）。弗兰克尔断言，这种真空"主要表现为无聊的状态"（p.129）。

17. "人的本性是这样的，他的意志在努力，得到满足后又重新努力，如此循环往复直到永远。事实上，他的幸福和快乐仅仅在于从欲望到满足，从满足到新的欲望的快速转换。因为没有满足就是痛苦，**而对新欲望的空洞渴望是倦怠，是无聊**。"（Schopenhauer, 1995, p.167，重点用黑体标明。）事实上，叔本华也曾说"人类幸福的两个敌人是痛苦和无聊"（p.198）。

18. 正如David Kangas（2008, p.389）对这一观点的阐述，无聊"是一种无法逃向一个对象（兴趣）的体验，因而是一种'困在了'自己身上的体验。无聊的时候，自我是不存在的。它被迫在没有'意义'的支持下与自己发生关系"。

19. Kierkegaard（1992, p.232）。克尔凯郭尔在作品中使用了大量化名。所以要对他的作品进行清晰的解读，或者明确他对无聊的看法是很难的。阅读《非此即彼》的一种方式是看到克尔凯郭尔为我们摆出了存在主义的难题让我们去克服，但他并不试图去解决这个难题。在第七章《引诱者的日记》中，叙述者Johannes Climacus把时间花在追求女人上。对Johannes来说，追逐、勾引才是最刺激的。一旦到手，一段关系就会变得无聊。

20. 完整的引文是："世界的倒行，邪恶的增多，有什么奇怪的。无聊愈来愈多，而无聊正是一切邪恶的根源。我们可以从世界创造之处追溯到这一点。众神感到无聊，所以他们创造了人。亚当因为孤独而感到无聊，所以创造了夏娃。从那时起，无聊降临这个世界，并与人口的增长成正比。亚当一个人很无聊，亚当和夏娃在一起很无聊，亚当和夏娃以及该隐和亚伯在家中很无聊。然后人口增加，所有人都很无聊。为了转移注意力，人们想到了建造一座高耸入云的塔。这个想法和塔的高度一样无聊，也是无聊占领上风的一个可怕证据。然后各个国家散布在地球上，就像现在人们出国旅行一样，但他们继续感到无聊。想想这种无聊的后果吧！”（Kierkegaard, 1992, pp.227–228）

21. 存在主义思想的一个共同主题是，无聊既是一个障碍，对于心智强大的人来说，也是一种帮助（McDonald, 2009）。

22. Ciocan（2010）.

23. 我们的研究表明，对于极易感到无聊的人来说，时间会变慢（Danckert & Allman, 2005）。

24. 如果世界不是这样，如果一切都很新奇，充满意义，会是怎样的？我们会不会同样麻木，无法在一个不断变化的世界中有所行动？

25. 长期以来，精神分析一直关注本能的欲望——我们知道这种欲望在社会上是不能被接受的，因此加以压制。从这个角度看，无聊是这种压抑机制的结果。事实上，格林森（1953）的文章表明，极易产生无聊感的人有强烈的口欲滞留。

26. Greenson（1953）.

27. Greenson（1953）, pp.19–20.

28. Lewinsky（1943）; Wangh（1975）.

29. Bernstein（1975）这样写道 :“无法直接和强烈地体验自己的感受是长期无聊的根源。”（p.518）

30. Phillips（1994）.

31. Tolstoy（1899, part 5, chapter 8）.

32. Fromm（1955）. 全文引用如下 :“人是唯一会感到**无聊**的动物，会感到被逐出天堂。人是唯一发现自己的存在是一个他必须解决的问题，而且无法逃避的动物。”（p.24；黑体部分来自原文）弗洛姆还写道 :“我

深信无聊是最痛苦的折磨之一。我想象中的地狱是一个你持续感到无聊的地方。”（Fromm, 1963）

33. 夏普（2011）研究了猫鼬幼崽，以确定玩耍能带来什么好处。“练习”理论（即动物通过玩耍来练习捕食或攻击性行为）并未得到证实。（同样的结果也出现在许多会战斗的物种中。）更多的玩耍也没有减少攻击性（社会联系理论）。玩耍确实在成功繁殖和降低死亡率方面带来好处，但我们不确定这背后的机制是什么（Bradshaw et al., 2015; Lewis, 2000）。

34. 海豹抛掷可能首先是为了制服猎物和/或在进食前放松皮肤，就像虎鲸那样，这也可能代表他在戏耍你投喂的食物。

35. Pellis & Pellis（2009）; Potegal & Einon（1989）.

36. Wemelsfelder（1993）. Francoise Wemelsfelder是动物福利科学家，他提倡一种独特的动物精神生活观点。与行为主义者（即完全通过刺激-反应关系来解释动物行为的流派）相反，Wemelsfelder认为，一些行为——以及其中的无聊——代表着痛苦，而不仅仅是对贫乏环境的适应性反应。支持这一点的证据是，被安置在贫乏环境中的动物表现出探索和互动减少。睡眠时间延长、踱步等刻板行为也很常见。长期暴露在贫乏的环境中会导致更多的极端行为，比如，灵长类动物会过度手淫、吃粪便和反刍粪便，马会咬人，鸟类则会自残（拔掉羽毛）。

37. Bolhuis et al.（2006）; Carlstead（1996）; Stevenson（1983）. 唐纳德·赫布是加拿大科学家，通常被认为是首次发现在丰富的环境中饲养的大鼠表现出学习能力的人（Hebb, 1980）。

38. Burn（2017）; Wemelsfelder（1985, 1990, 1993, 2005）.

39. Meagher & Mason（2012）; Meagher et al.（2017）.

40. Rizvi et al.（2016）.

41. 关于目前人类的理论，见Hunt & Hayden（2017）。关于人类和非人灵长类动物的研究综述，见Sirigu & Duhamel（2016）。

42. Dal Mas & Wittmann（2017）; Danckert & Merrifield（2018）;

Danckert & Isacescu（2017）; Jiang et al.（2009）; Mathiak et al.（2013）; Tabatabaie et al.（2014）; Ulrich et al.（2015, 2016）; 综述见Rafaelli et al.（2018）。

43. Craig（2009）; Uddin（2015）.

44. Bench & Lench（2013）; Elpidorou（2014）; Goetz et al.（2014）; van Tilburg & Igou（2011）; Westgate & Wilson（2018）.

45. Eastwood et al.（2012）; Fahlman et al.（2013）.

46. Frijda（2005）指出，感情产生于“一个人信息处理过程的运作”中（p.483），而“快乐和痛苦……源于思考过程进行地顺利或不顺利”（p.481）。

47. Hamilton et al. (1984).“内在的兴趣和无聊都是与注意力相关的‘情感’。事实上，有趣与无聊这两极划定了一个情感–体验的连续体，它伴随着注意力中的认知、信息处理机制。”（p.184）

48. 见Scherer（2005）就如何区分情绪和相似的情感现象的讨论。有很多方法可以对无聊进行分类，无论是将其作为一种情绪、一种心情，甚至是一种驱动力。我们把无聊定义为一种**思考的感觉**（Eastwood & Gorelik, 2019），同时认为其他定义方式也是恰当有用的。

49. 我们不赞成“无聊是单调或刺激不足的体验”这样的说法。相反，我们认为无聊只有一种，但有多种原因。我们将无聊定义为一种感觉以及支撑它的心理机制。

50. 研究人员已经利用各种生理指标来实时测量投入值。有了“投入指数”，就有可能建立一个反馈回路，当投入值减弱时，任务就会变得更难，当投入值达到最大时，任务就会变得更容易。这样的自动适应系统能使投入值达到最佳水平并提高表现。重要的是，用于确定投入程度的脑电信号和无聊相关的信号有重合之处。（Freeman et al., 2004; Raffaeli et al., 2018.）

51. Fiske & Taylor（1984）; Stanovich（2011）.

52. 将无聊定义为一种由欲望难题和头脑空空而产生的思考的感觉的

优点之一是，这种定义可以解释以下四个常与无聊同时出现的因素——时间流逝缓慢、注意力难以集中、缺乏目标的感觉和精力水平波动的刺激，弥合了自然主义和人文主义解释之间的差距。也就是说，尽管不是必要的或充分的，但欲望的难题和头脑空空的状态会导致这四个因素（Eastwood et al., 2012）。

53. 无聊类型学通常围绕着假定的原因（反应性的与内源性的）、持续时间（临时的与慢性的）、集中性（对特定事物的无聊情绪与一般的无聊心情）和病理程度（正常的与疾病的）。这些因素无疑是重叠的。有类型学研究认为有两种无聊——“情景性”和“存在性”。情景性无聊的特点是反应性的、临时的、集中的和正常的，而存在性无聊是内源性的、慢性的、不集中的和病理性的（Svendsen, 2005）。在我们看来，一些“存在性无聊”的情况最好被解释为“缺乏生活意义和目的”，而非无聊。尽管无聊是复杂和多面的，但我们不认为这样的类型学研究有帮助。我们认为缺乏精确和一致的定义，并且对无聊一词的使用过于宽泛，阻碍了对无聊的科学研究。

第二章 “刚刚好”原则

1. 无聊和舌尖现象之间的联系最初来自精神分析作家Otto Fenichel（1953）。试衣服看什么合适的比喻也来自一些精神分析作家。

2. 我们在这里做了一个关于如何更好地定义无聊的概念性论证。我们的定义可以解释在受限制和不受限制的情况下的无聊，并解释外部约束和其他广泛的原因是如何导致相同的状态（因为它们都引起相同的基本机制）。这种解释是一个综合了自然主义和人文主义对无聊的看法的统一模型。自然主义方法强调外部原因，如受限制和刺激不足，而人文主义方法强调内部原因，如缺乏情感意识和意义。我们展示了欲望迷局和头脑空空是如何将这些不同的因果联系结合起来的。值得注意的是，无聊通常与其他负面情绪同时出现，最常见的是（按突出程度排列）：

孤独、愤怒、悲伤、担心和沮丧。（无聊使得感到沮丧的可能性增加了67%。）根据被试的报告，这种关联至少表明无聊和沮丧是不同的，但有时二者也会同时出现。另外，这项研究还表明无聊会降低冷漠的可能性——证实了无聊涉及对欲望的渴望这一想法（Chin et al., 2017）。

3. Schopenhauer (1995).

4. 你越是努力去想那个到嘴边又说不出来的词，就越难想起来。今后碰到这个词，大概率还是会这样（Warriner & Humphreys, 2008）。

5. Hesse（1951）, p.140.

6. 我们很少长时间盯着一个东西来产生视觉适应效果。如果你长时间盯着图像（加拿大国旗）看，对这个图像有反应的神经元会变得饱和，其反应会消失。当你再看向空白处时，因为对原始图像有反应的神经元已经饱和了，对相反刺激（相反的黑白区域）有反应的神经元得到更多放电，这就是适应后效的由来。

7. Davies（1926）; McIvor（1987a, 1987b）; Wyatt & Fraser（1929）; Wyatt & Langdon（1937）.

8. 引自 McIvor（1987b）, p.179。引文全文如下："工匠的乐趣确实被稳定扩张的机械化压缩了，结果可以从'神经残疾'的患病率上升中看到……。重复性的工作无疑会导致一种疲惫感，这种疲惫感并不体现在身体上，而表现在工人希望从强制的无聊的工作中暂时解脱出来，在无聊的工作中，工人的思维被部分或完全抛开。为了（更好地）理解打工人口的疾病记录和缺勤情况，我们必须承认这一事实，即**由于无聊而导致的模糊不清、定义不明但无疑是非常真实的残疾，比所有公认的工伤加起来所损失天数要多得多**。……对工作不再感到兴趣的工人是一个工业废人。对工作感兴趣会让工业界良好运转。"（重点用黑体标出）

9. Davies（1926）在早期关于工作场所单调性的评论中总结道："给织机喂料的工人，或数螺丝的工人，在一段时间后能够以最低的注意力来完成这些操作。然而，一般来说，如果不损害工作，甚至有时会产生危险，工人就不可能集中精力做其他事情，因此，他们必须自愿限制行动的自由，行为的必要性，以及对正常冲动的抑制（如在突然的噪声中抬头）。”（p.474.）

10. Münsterberg（1913），p.196.

11. Münsterberg（1913），p.197. 1926年，Davies在总结工作场所的研究时得出结论:“如果工人觉得工作虽然枯燥但值得一做，就不会觉得无聊，或者至少不会发展成严重的神经衰弱。”（p.475）

12. Nett et al.（2010, 2011）; Sansone et al.（1992）.

13. Barmack（1937, 1938, 1939）. 同样，Fenichel（1951）说无聊“来源于我们不能做自己想做的事，或必须做自己不想做的事。”（p.359）

14. O'Hanlon（1981）.

15. Pribram & McGuinness（1975）.

16. O'Hanlon（1981）; Weinberg & Brumback（1990）.

17. Danckert et al.（2018a）; Lowenstein & Loewenfeld（1951, 1952）; O'Hanlon（1981）.

18. Scerbo（1998）.

19. Homer, *The Odyssey*（1962/1990）.

20. Klapp（1986）.

21. Struk et al.（2015）.

22. Fahlman et al.（2009, 2013）.

23. Vodanovich（2003）; Vodanovich & Watt（2016）.

24. 声称任何特定的性格特点会引起无聊是不可能的。这是一个实验性问题；我们不能操纵每个人的性格特点，而只能研究不同性格特点与行为的相关性。正如所有本科一年级的心理学所学的那样，相关不等于因果。

25. Bernstein（1975）.

26. 心理分析将无法正确识别情绪解释为内部力量的僵持。一方面，我们想满足欲望——其中许多是破坏性的或不可接受的。另一方面，我们想避免尴尬或惩罚。我们适应“做正确的事”的社会化过程组织了破坏性的、不适合社会的欲望的发生。但我们仍然会感到行动的冲动，尽管不清楚最初的欲望是什么，我们已经把它驱逐到无意识的地牢中。我们能想到的任何事情都无法满足这种冲动，因为这些事与被抛弃的欲望相距太远（Lewinsky, 1943; Wangh, 1979）。

27. White（1998）.

28. Bond et al.（2011）; Hayes et al.（2004）.

29. Eastwood et al.（2007）; Harris（2000）; MercerLynn et al.（2013a, 2013b）.

30. Hamilton（1981）; O'Hanlon（1981）; Smith（1981）; Zuckerman（1979）.

31. Kenah et al.（2018）; Kreutzer et al.（2001）; Oddy et al.（1978）; Seel & Kreutzer（2003）.

32. Goldberg & Danckert（2013）.

33. 关于注意力缺陷/多动症，见Diamond（2005）; Matthies et al.（2012）。关于精神分裂症，见Gerritsen et al.（2015）; Steele et al.（2013）; Todman（2003）。

34. Gerritsen et al.（2014）; Hunter & Eastwood（2018）; Kass et al.（2003, 2001）; Malkovsky et al.（2012）; Martin et al.（2006）; Wallace et al.（2002, 2003）.

35. Carriere et al.（2008）; Cheyne et al.（2006）.

36. MercerLynn et al.（2013b）.

37. MercerLynn et al.（2013a, 2013b, 2014）.

38. Deci & Ryan（1985, 2008）; Ryan & Deci（2000）.

39. Barnett & Klitzing（2006）; Caldwell et al.（1999）; Weissinger et al.（1992）.

40. Sulea et al.（2015）; Tze et al.（2014）.

41. Isacescu & Danckert（2018）; Isacescu et al.（2017）; Struk et al.（2016）.

42. Isacescu et al.（2017）.

43. 行动/状态导向是自我定向的类型，并且决定了人们如何有效地制定和实现目标（Kuhl, 1981, 1985, 1994）。行动导向高的人会计划、执行并贯彻目标。状态导向高的人在实现目标时很困难，因为他们太专注于当前的情况，对改变犹豫不决，并且心不在焉。高度无聊的人在状态导向方面很高，在行动导向方面很低（Blunt & Pychyl, 1998）。

44. 这两种风格是指运动和评估调节模式（Kruglanski et al., 2000）。运动模式的人喜欢“说干就干”，埋头做事，更不容易无聊。评估模式的人更喜欢“做正确的事”，也更容易感到无聊（Mugon et al., 2018）。

45. 说渔人是一个施动者，并不意味着我们是在支持任何自由意志的概念或欲望的因果充分性。她如何决定上岸是一个模糊的、争论激烈的哲学问题。我们只是说，她表现出基于选择的行动——向西走与向东走（无论这些选择从根本上说是否自由，或因果上是否有效），而软木塞的浮动不是由主观选择而是由它无法控制的力量促成的。

46. 虽然不是本书的重点，但我们承认结构性和系统性的力量阻碍了自主能动地投入并促成了无聊。因此，无聊的存在既是我们所强调的个人行动号召，也是一个社会和道德问题。我们意识到，如果不对产生无聊的背景加以分析，而仅仅把无聊描述成个人的事情，这可能会指责受害者并强化压迫性结构。我们赞赏Elpidorou（2017）所呼吁的对无聊的道德层面展开研究，并鼓励从不同角度进行这种分析。

第三章　改变的动力

1. 1933年，芝加哥举办了名为“一个世纪的进步”的世界博览会。亚瑟·普卢姆霍夫是真实存在的马戏团演员，他确实用针刺穿了自己的身体并在上面挂重物，但他可能没有在世博会上表演。芝加哥世博会展示了异国的动物、保温箱中的婴儿和“侏儒”的城市——一个我们今天也可能想去看看的世博会！普卢姆霍夫也肯定不是第一个在观众面前表演看似痛苦的自残行为的表演者（他也不会是最后一个）。米林·达约是20世纪40年代中期的一名舞台表演者，声称经过神秘主义者的训练，可以忍受极高的痛苦。他的表演是由助手将箔片插入他的身体。有个网站为这种表演的秘诀提供了合理的解释——逐渐形成的瘘管或疤痕组织的缝隙使得箔片能够通过，就像你打耳洞（或舌钉、眉钉和其他你想打洞的部位）时形成的孔洞。达约死于一次表演，他吞下的一根长针导致了动脉破裂。（http://www.skepticblog.org/2010/05/13/the-mysterious-case-of-mirin-dajo-the-human-pincushion/）

2. Dearborn（1932）.1991年的一份案例报告强调了患有先天性痛觉缺失（对疼痛不敏感）的人所面临的挑战。这是一种罕见的遗传性疾病，病人会自残，造成创伤。

3. Eccleston & Crombez（1999）.

4. 自我控制和自我调节泛指人们将思想、情感和行动与目标调节一致的过程。Inzlicht和Legault（2014）的“情感–警报”模型表明，心理困扰代表了一种会触发自我调节机制的冲突状态。1885年，弗朗西斯·高尔顿爵士首次将坐立不安作为无聊的一个指标。他在一次科学演讲中测量了听众的“摆动”。当听众被吸引时，他们“一动不动地保持在看和听的最佳位置”。当听众感到无聊时，他们“不再忘我，开始非常关注长期坐在同一位置上的不适感，左右摇摆起来”（pp.174–175）。

6. 许多人把无聊和冷漠混为一谈。虽然无聊与冷漠和快感缺乏（丧失快乐）相关，但无聊是一种独特的感觉（Goldberg et al., 2011）。同样，凡·蒂尔堡和伊古（2017）表明，无聊可以与广泛的负面情绪状态区分开来，包括悲伤、愤怒、沮丧、恐惧、厌恶、抑郁、内疚、羞耻和遗憾。

7. Iso-Ahola & Crowley（1991）; Joireman et al.（2003）; Kass & Vodanovich（1990）; Mercer & Eastwood（2010）.

8. 在不同的文化中，无聊状态和无聊特质可能有不同的表现。在这个意义上，最大的区别是个人主义（如加拿大、美国）和集体主义（中国、印度）文化（Ng et al., 2015）。虽然我们承认文化因素会在无聊的呈现方式中起作用，但因目前的研究太少，我们无法深入探讨这个问题。

9. Elpidorou（2014）. 安德烈亚斯·埃尔皮德罗也值得一提，他在2015年10月滑铁卢大学举办的无聊和走神研讨会上向我们介绍了痛苦隐喻。

10. 可能是由于最常用的测量方法叫做无聊倾向量表，无聊特质通常被称为“无聊倾向”（BPS; Farmer & Sundberg, 1986）。我们开发了一个较简短的量表（Struk et al., 2017），解决了它的一些缺点（Melton & Schulenberg, 2009; Vodanovich et al., 2005）。我们的版本包括了一个单因素模型，解决了将投入度加入考量的需求。

11. Elpidorou（2014）; Bench & Lench（2013）; van Tilburg & Igou（2012）.

12. 汉弗莱·波特的故事可能是杜撰，取自亚当·斯密的《国富论》（第14页）。据我们所知，第一个将汉弗莱的故事与无聊和人工智能联系起来的正是本章后面提及的人工智能研究员雅克·皮特哈（http://bootstrappingartifici alintelligence.fr/WordPress3/2014/05/when-artificial-beings-might-get-bored/）。

13. 尽管我们对她的描述可能不符合历史，埃尔茜·尼克斯的确是真实存在的人物（Cairns et al., 1941）。我们在此将她作为一个典型的无动性缄默症患者。

14. 该病现被称为冯·伊科诺莫病，以奥地利精神病学家和神经病学家康斯坦丁·冯·伊科诺莫（Constantin von Economo）的名字命名，他在1917年详细描述了这种疾病。据说在20世纪初有近100万人死于这种疾病。该疾病也被称为“昏睡病”，目前仍没有可用的治疗方法。尽管在一组被试中，一种通常用于治疗帕金森病的药物左旋多巴使症状短暂缓解——这成为奥利弗·萨克斯的著作《觉醒》的灵感，这本书后来被改编为电影。

15. 在对埃尔茜这个案例的最初描述中，有一个暗示，即她仍然有目标和欲望，但无法付诸行动。当在她手里放一块巧克力时，她试图把它送到嘴里，但当巧克力掉落时，她没有尝试去捡它。她甚至做了“试探性的咀嚼动作”，这再次表明她想要巧克力，但不能强迫自己去拿（Cairns et al., 1941）。

16. Marin & Wilkosz（2005）; Mega & Cohenour（1997）; Németh（1988）.

17. 皮洛士式的胜利是一种要付出巨大代价的胜利。这个短语来自伊庇鲁斯国王皮洛士，他在公元前280年前后在赫拉克拉和阿斯库伦击败了罗马人，但遭受了巨大的损失。虽然罗马人也损失不少，但他们能更有效地补偿损失。普鲁塔克写道，皮洛士说“如果我们在与罗马人的战斗中再取得胜利，我们将被彻底毁灭”（http://penelope.uchicago.edu/Thayer/e/roman/texts/plutarch/lives/pyrrhus*.html）。

18. 我们并不打算批评功能主义。然而，我们确实认为将无聊的定义确定在主观感受的范围内是有好处的。仔细分析动物和机器的功能状态需要更多研究，这些状态可能反映了人类的无聊的功能状态。

19. Breazeal（2009）. 想要观看Kismet如何运作，见https://www.youtube.com/watch?v=8KRZX5KL4fA。

20. Turing（1950）. 图灵在这篇论文中介绍了“模仿游戏”，即一个人必须确定与之对话的是另一个人还是机器。完整的引文是："与其试图制作一个模拟成人思维的程序，为什么不尝试制作一个模拟儿童思维的程序呢？"（p.456）

21. Pitrat（2009）.

22. 对于一个无聊的人工智能系统的意识世界，我们不得而知。也许CAIA和Kismet并不是有意识地无聊，但我们认为它们经历了一些功能相似的东西。也就是说，无聊作为一种动力状态，推动我们去寻求令人满意的投入。这里讨论的人工智能系统也经历了同样的动力状态。

23. 在第七章中，我们将深入研究无聊和意义之间的关系；在第八章中，我们将探讨处于单调和随机这两个极端的无聊，这源于奥林·克莱普写于1986年的《过载与无聊》一书。

24. Burda et al.（2018）.

25. Yu et al.（2018）.

26. Godin（2007）."胜者不弃，弃者不胜"这句话出自美国橄榄球传奇人物文斯·隆巴迪（Vince Lombardi）提出的，超级碗奖杯就是以他的名字命名。隆巴迪的执教纪录令人印象深刻，他在季后赛中积累了90%的胜率，从未经历过失败赛季。作为传递给球员和体育迷的格言，这句话听上去很鼓舞人心，但正如戈丁所认为的，在有些情况下，放弃显然是有道理的。最近一则新闻也说明了这一点。一对夫妇乘船从新西兰出发，准备航行到澳大利亚，这是他们十年环游地球计划的一部分，此时他们发现自己处于波涛汹涌的海面上。他们的船舵坏了，船也被撞倒了两次，并在两人形容为"像楼一样大"的海浪中翻了一次。他们在启动紧急信号后弃船，被一艘集装箱船救起。显然，若他们坚持航行到澳大利亚，结果可能是致命的（http://www.abc.net.au/news/2017-03-30/yacht-abandonded-after-rescue-recovered-off-eden/8402048）。

27. White（1959）.

第四章　人生阶段

1. 这是对一则2014年1月28日刊登于《每日电讯报》的新闻的虚构性改编，《76岁老妇超市行窃，只因变老很无聊》（http://www.telegraph.co.uk/news/uknews/law-and-order/10601150/Great-grandmother-76-shoplifted-because-she-was-bored-of-being-old.html）。

2. 这是WEIRD科学提出的问题（Heinrich et al., 2010）——目前科学研究的样本都是西方工业化国家的、受过教育的民主派富人。当我们研究的样本如此狭隘时，在归纳发现的时候我们能有多大信心？

3. Giambra et al.（1992）.

4. 这就是所谓的成年年龄，它是一种法律上的拟制，并非生物或心理上的现实。成年年龄描述的是社会决定未成年人成为成年人并承担某些权利和责任的时间点，例如维基百科的描述（https://en.wikipedia.org/wiki/Age_of_majority）。关于同意年龄的不同说法，也见https://en.wikipedia.org/wiki/Age_of_consent——这里需要再次强调年龄这个概念在生物和法律上有区别。

5. Riem et al.（2014）.

6. Phillips（1994）.

7. Lehr & Todman（2009）.

8. Fogelman（1976）.这项研究使用的数据来自全国儿童发展研究。无聊的孩子的父母声称，他们的休闲活动很少，并不是因为没有选择。与Lehr和Todman的研究一样，较高的无聊程度与较差的学习成绩和较低的社会经济地位有关。

9. Russo et al.（1991, 1993）.

10. 新西兰最近的一个自然实验强调了增加限制（或取消限制）如何影响儿童的行为。一所学校取消了以前的操场的限制规则（例如，禁止在操场上骑滑板车）。教师们发现，在游戏**不受限制**之后，学生的想象力和学习能力得到提高，霸凌也减少了。取消操场上的规则和规定也可能对消除无聊有很大帮助（http://nationalpost.com/news/when-one-new-zealand-school-tossed-its-playground-rules-and-let-students-risk-injury-the-results-surprised）。

11. Steinberg（2005）; Piaget（1999）.

12. Piaget（1999）提出的最后一个发展阶段是形式运算阶段，其特点是抽象推理、解决问题和逻辑推理的能力增强。

13. Steinberg（2005）.

14. Dahl（2001, 2004）.引文（或者说副标题）来自Dahl发表于2004年的论文的第17页。

15. Harden & Tucker-Drob（2011）.

16. Spaeth et al.（2015）.

17. Harris（2000）. 在描述无聊的状态时，被试26%的时间提到了烦躁不安，22%的时间提到了注意力不集中。正如我们在其他地方论证的那样，无聊和不安之间的共同联系表明，它在主观上被认为是一种高唤醒的体验（Danckert et al., 2018a, b；也见Merrifield & Danckert, 2014）。在学习环境中，无聊也可能是一种抗议。对青少年来说，故意反对现有的东西是在宣告他们的独立性，并可能会压倒精神投入的需要。因此，无聊是拒绝成人世界的一种方式。

18. Caldwell et al.（1992）.

19. Haller et al.（2013）.

20. 关于休闲无聊的研究意味着，学校的约束环境不可能是青少年感到无聊唯一的罪魁祸首。一项研究（Larson & Richards, 1991）的结果显示，无聊感在学校里、家庭中和休息时都会出现。

21. Miller et al.（2014）. 作者所说的"更具性攻击性"是指，在九年级时更无聊的男生在十年级时声称，如果他们的伴侣要求他们停止性行为，他们也不会停止。

22. Willging et al.（2014）；也见Wegner & Flisher（2009）。关于农村环境中无聊程度更高的证据，见Patterson et al.（2000）。

23. Sharp & Caldwell（2005）.

24. 我们已经展示了年龄是无聊的一个重要的负向预测因素——我们的年龄越大，就越不容易感到无聊。即使只看17—22岁的人，这种关系也是如此（Gerritsen et al., 2015; Isacescu et al., 2017）。

25. 如同向青少年时期过渡的情况一样，向成年的过渡与实际年龄（即成年年龄）关系不大，而与额叶皮层的成熟度关系较大。有趣的是，在葡萄牙，人们在25岁之前是不能参加公职竞选的——25岁大概是社会认为他们已经足够成熟的时候。

26. 这种认为额叶是大脑的指挥官的概念在一定程度上为20世纪40年代和50年代的额叶切除术的实施提供了依据。该理论认为，功能失调的指挥官——额叶皮层——可以与大脑的其他部分断开联系，大脑仍可不受阻碍地工作。这些手术的真正结果却远谈不上美好（Gross & Schäfer, 2011）。

27. 执行功能的每一项都是不同的，这使得执行功能这个总称有些争议。一个执行功能的模型，即“统一性和多样性”模型，认为不同的功能群（如工作记忆、抑制控制、抽象推理）代表了不同的认知机制，依赖于可分离但重叠的神经网络（多样性部分）。最终，这些不同的机制共同作用于我们最复杂的行为（统一性部分；Miyake et al., 2000）。

28. Taylor et al.（2017）.

29. 前颞叶皮层执行许多复杂的功能，包括语义概念化以及新记忆的形成。前额叶眶回对于处理嗅觉刺激（许多创伤性脑损伤患者出现嗅觉障碍——无法辨别气味）、表征与行动相关的成本和回报非常重要。

30. Alan Baddeley（1996）创造了“执行缺陷综合征”这一术语，以描述他开创的另一个术语“中枢执行”的功能障碍。正是中枢执行系统“控制”着对记忆和认知来说重要的其他子系统。早在Baddeley之前，俄罗斯神经心理学家Alexander Luria在他的*The Working Brain*（1973）一书中把重点放在额叶上。Luria指出，额叶皮层对于“控制人类最复杂的目标关联活动的形式”非常重要（1973, p.188）。

31. Fleming et al.（2012）.

32. 我们测试了35名遭受中度至重度TBI的病人和一组340名报告有脑震荡的人。与健康人相比，TBI组的无聊倾向得分最高，但脑震荡组的无聊倾向相较健康人也更高（Isacescu & Danckert, 2018）。

33. Chin et al.（2017）.

34. 这对感兴趣于衰老的影响的研究人员来说一直是个大问题。我们可以研究圈养人群，如日托中心的婴儿、学校的儿童、大学生。我们也可以研究有很多空闲时间的人群，比如我们这些要退休的人。对于研究老龄化的研究人员来说，这带来了一种观念，即60岁是一道坎，超过60岁认知能力就会下降。随着更多来自四五十岁的人的数据，我们了解到这是一个更加平缓的下降趋势。

35. Conroy et al.（2010）.

36. 认知储备是指面对大脑损伤或衰退时的功能恢复力。更好的认知储备被认为是阿尔茨海默病等疾病的预防因素（Medaglia et al., 2017; Valenzuela & Sachdev, 2006）。

37. Best & Miller（2010）; see also DeCarli et al.（2005）and Scuteri et al.（2005）.

38. Ice（2002）；也见Korzenny & Neuendorf（1980）.后者的研究表明，老年人看电视有两个原因——信息和幻想，而幻想的参与是对单调和无聊的一种补救。

39. Shuman-Peretsky et al.（2017）.

第五章　间接经验

1. 关于188航班情况的完整描述，详见以下社评：https://www.salon.com/2009/12/11/askthepilot344/。我们的叙述是虚构的，但大体上是基于我们能找到的有关这一事件的信息。

2. Britton & Shipley（2010）.

3. 我们纳入规则的一个例外是赌博，我们把赌博考虑进去是因为它据称是无聊的后果。

4. Berlyne（1960）; Kahneman（1973）.

5. Hitchcock et al.（1999）; Hunter & Eastwood（2019）; Mackworth（1948）; Pattyn et al.（2008）; Scerbo（1998）; Thackray et al.（1977）.

6. Kass et al.（2001）; Scerbo（1998）; Thackray et al.（1977）.

7. Scerbo（1998）.

8. Wilson et al.（2014）.

9. 值得注意的是，有些人对于这种体验的态度很矛盾，有些人却很享受（Fox et al., 2014）。

10. Havermans et al.（2015）.

11. Nederkoorn et al.（2016）.

12. Favazza（1998）.关于自杀和无聊的研究还不够多。在一项研究（Ben-Zeev et al., 2012）中，抑郁的住院病人在产生自杀念头前几小时会感到悲伤、紧张和无聊，而无聊是随后自杀念头的最有力预测因素。

13. Claes et al.（2001）发现有饮食障碍的妇女在无聊时会拔自己的头发。Chapman和Dixon-Gordon（2007）报告称，女囚犯声称无聊是故意自残行为的第三大触发因素，仅次于愤怒和焦虑。

14. Lee et al.（2007）; McIntosh et al.（2005）; Orcutt（1984）; Piko et al.（2007）; Wegner（2011）; Ziervogel et al.（1997）. 使用有害物质的人比不使用的人更经常感到无聊（Biolcati et al., 2018; Boys et al., 2001; Caldwell & Smith, 1995; Iso-Ahola & Crowley, 1991; Smith & Caldwell, 1989）。

15. 国家成瘾和药物滥用中心（2003年8月）; Caldwell & Smith（1995）。

16. 这些研究对八至十一年级的学生进行了跟踪调查，发现在研究开始阶段在空闲时间里无聊程度最高的学生之后最有可能使用药物（Sharp et al., 2011）。有意思的是，一项研究发现，无聊和未来吸烟之间的关联只适用于最初吸烟概率较低的青少年（Coffman et al., 2012）。

17. Sharp et al.（2011）.

18. Krotava & Todman（2014）.

19. Weybright et al.（2015）.

20. Biolcati et al.（2018）; Blaszcynski et al.（1990）; Bonnaire et al.（2004）; Dickerson et al.（1987）; Nower & Blaszcynski（2006）; Turner et al.（2006）; Carroll & Huxley（1994）; Clarke et al.（2007）; Coman et al.（1997）; Cotte & Latour（2008）; Hing & Breen（2001）; Hopley et al.（2012）; Hopley & Nicki（2010）; McNeilly & Burke（2000）; Mercer & Eastwood（2010）; Trevorrow & Moore（1998）; Williams & Hinton（2006）; Wood et al.（2007）.

21. 据我们了解，目前没有实验证实无聊是引起药物滥用或赌博的原因。伴随无聊和无聊倾向同时出现的是一系列心理因素，而这些因素在前述研究中没有被仔细排除。当控制了冲动性这个变量时，研究人员没有发现无聊倾向与酒精滥用和赌博有关（Mercer-Lynn et al., 2013b）。因此，有可能不是无聊倾向，而是一些其他相关特征，成为导致药物滥用和赌博的因素。

22. Leon & Chamberlain（1973）; Stickney et al.（1999）; Walfish & Brown（2009）.

23. Koball et al.（2012）.

24. Crockett et al.（2015）; Moynihan et al.（2015）.

25. Moynihan et al.（2015）.

26. Havermans et al.（2015）.

27. Moynihan及其同事（2015）的研究通过让不同组的被试观看令人无聊或悲伤的电影来引起不同的情绪。当看电影时，被试可以吃零食，有健康的也有不健康的，有令人兴奋的也有并非如此的（樱桃番茄似乎被认为是健康且令人兴奋的，但是饼干就并不令人兴奋）。不管看什么电影，大家吃的健康但不令人兴奋的食物的数量都差不多（如饼干）。而那些看无聊电影的人会吃更多不够健康的，或者健康但能引起兴奋的食物（如樱桃番茄）。

28. Abramson & Stinson（1977）.

29. Meagher & Mason（2012）.

30. Gill et al.（2014）.

31. Dahlen et al.（2004）; Gerritsen et al.（2014）; Leong & Schneller（1993）; MercerLynn et al.（2013b）; Moynihan et al.（2017）; Watt & Vodanovich（1992）.

32. Moynihan et al.（2017）.

33. Matthies et al.（2012）.

34. Pettiford et al.（2007）; Witte & Donahue（2000）. 值得指出的是，

这个发现与特质性无聊倾向有关，它与关于风险决策的研究不同，后者调查的是当下的无聊感觉对决策产生的影响。

35. 这句话被广泛认为（但不一定）与美国哲学家保罗·田立克（Paul Tillich）有关。

36. Boyle et al.（1993）.

37. Wink & Donahue（1995, 1997）; Zondag（2013）.

38. Dahlen et al.（2004）; Isacescu et al.（2017）; Isacescu & Danckert（2018）; Joireman et al.（2003）; MercerLynn et al.（2013b）; Rupp & Vodanovich（1997）; Vodanovich et al.（1991）; Zuckerman（1993）.

39. Quay（1965）.

40. 例如，Farnworth（1998）描述了少年犯的无聊并且认为无聊是恣意破坏公共财产这一行为的诱因。有关恣意破坏公共财产行为的研究有很多。虽然有一些理论将这一行为与无聊联系起来，但针对这一关联的实际研究则很少。

41. Spaeth et al.（2015）. 研究人员并未发现证据支持无聊是一种以性格为基础的、愤怒的、任性的反抗社会的表现。参见Caldwell & Smith（2006）。

42. van Tilburg & Igou（2011）.

43. 对于克里斯朵夫·莱恩（Christopher Lane）的全面报道，见http://www.cbsnews.com/news/christopherlaneaustralianbaseballplayerkilledbyboredoklateenspolicesay/。

44. 对这一事件的全面报道，见https://www.cnn.com/2018/01/23/europe/germannursecharged97mursdersintl/index.html。

45. Greenberg et al.（2004）.

46. Weissinger（1995）.

47. Fahlman et al.（2009）; Goldberg et al.（2011）; MercerLynn et al.（2013b）; Todman（2013）; Vodanovich & Watt（2016）. 我们知道无聊和抑郁之间的联系与其他因素无关。这些因素包括感受负面情绪的倾

向、对于令人不快的威胁的敏感、冷漠、缺乏愉悦以及缺乏情绪意识（Goldberg et al., 2011, MercerLynn et al., 2013b）。

48. 研究人员使用的自陈问卷能区分感到无聊的倾向、无聊状态本身以及抑郁。这种方法因此不会混淆无聊的人和抑郁的人（Fahlman et al., 2009, 2013; Goldberg et al., 2011）。

49. Spaeth et al.（2015）.

50. Fahlman et al.（2009）.

51. Bargdill（2000）.

52. Fahlman et al.（2009）.

53. Gerritsen et al.（2015）; Newell et al.（2012）; Todman（2003）; Todman et al.（2008）.

54. Inman et al.（2003）; Passik et al.（2003）; Theobald et al.（2003）.

55. Mann & Cadman（2014）.

56. Tolinski & Di Perna（2016）, p. 218. 奇特林巡回舞台是指一系列特定的表演场所，在美国种族隔离时期，非裔美国音乐家、喜剧演员和表演艺术家可在这些地方进行安全的表演。

57. Larson（1990）.

58. Gasper & Middlewood（2014）.

59. Mann & Cadman（2014）.

60. Conrad（1997）.

第六章 极端环境中的无聊

1. 这段虚构的叙事基于赫伦（1957）。参与者可以在任何时候自由地退出实验（尽管许多人待了数日），而且绝大多数人的幻觉体验都没有此处这个人的想象那么不祥。

2. 赫布和赫伦的研究只发表了一部分。赫布主张发表所有的结果，但被委托这项实验的情报机构阻止。最终，这项工作被歪曲为心理逻辑酷刑的始作俑者（Brown, 2007）。这项工作的实际意图是查明感官剥夺与宣传运动相结合是否能成功地改变一个人对超自然的信仰（见Raz, 2013，对赫布研究之外的其他感官剥夺研究的描述）。

3. 在Adam Shoalts最近出版的一本研究加拿大探险史的书中，他概述了从维京人到早期欧洲探险家的故事，并将好奇心、贪婪和对名声的渴望视为人类探索的动力（Shoalts, 2017, pp.24, 53）。

4. Bishop（2004）.

5. Cook（1909）.

6. Bishop（2004）, table 3.

7. Sandal et al.（2006）.

8. Palinkas（2003）; Palinkas et al.（2000）.

9. Shiota et al.（2007）.

10. Sandal et al.（2006）.

11. 这句话的来源很难确定。它出现在第一次世界大战前线的一名英国骑兵次长的信中，并于1914年11月4日发表在《泰晤士报》上。它也被认为是爱德华·阿瑟·巴勒斯的作品，他在《为未来而战》（*The Fight for the Future*, 1916）中谈到了一战。

12. Bartone et al.（1998）.

13. Arrigo & Bullock（2008）.

14. 关于单独禁闭的同义词，见https://www.muckrock.com/news/archives/2015/jun/16/solitary-confinement-may-go-different-name-your-st/。

15. Arrigo & Bullock（2008）.

16. Smith（2006）.

17. 关于阿什利·史密斯的案件，见http://nationalpost.com/news/canada/ashley-smith-death-ruled-a-homicide-by-inquest-jury。关于亚当·卡佩的案件，见https://www.theglobeandmail.com/news/national/how-a-tweet-led-to-unlocking-adam-capays-stint-in-solitary/article34756517/。

18. 感兴趣的读者可以查看网站Solitary Watch（2019），查询有关美国监狱单独禁闭的信息。

19. 克里斯朵夫·伯尼是一名英国中尉，在第二次世界大战中被招募为法国抵抗组织工作。他于1942年被俘，并被送往弗雷斯监狱，在那里他被单独监禁了526天，然后在战争即将结束时被送往比克瑙。他的叙述强调了建立惯例对于熬过单调的禁闭生活的必要性。当他没有坚持他的惯例（例如，把微薄的口粮留到一天后再吃），他的情绪就会变差。他在《单独监禁》一书中讲述了他的非凡故事，也强调了人类对社会接触和各种体验的基本需求（Burney, 1952）。

20. 民族志研究中的研究者会让自己沉浸在一个特定的文化群体中，并尽可能不受约束地观察这个群体的行为。本研究的作者（Bengtsson, 2012）在两个监狱中待了相当长的时间。她发现，当她在第二个监狱透露她的研究是关于无聊的时候，她得到了更多囚犯的接受和参与。当囚犯们觉得她了解他们的生活经历时，他们就更愿意参与。

21. Bengtsson（2012）提到了“边缘操作”——年轻人正在探索秩序和无序之间的界限。一个人越接近无序，似乎就越兴奋。边缘操作和对无序的接近又可以被描述为挑战现状和权威。

22. de Viggiani（2007）.

23. Lebedev（1988），引自 pp.32, 60, 78。

24. 詹姆斯·丹克特于2017年11月22日对哈德菲尔德进行了电话采访，但读者可以通过他的书《宇航员地球生活指南》（*An Astronaut's Guide to Life on Earth*, 2013）了解更多他关于在太空中消磨时间的叙述，大量的YouTube视频和媒体账号也发布了很多关于他从未感到无聊的内容。

25. 哈德菲尔德，与詹姆斯·丹克特的私人通信，2017年11月22日。

26. Lebedev（1988）, pp.125, 251.

27. Lebedev（1988）, p.81.

28. 有时，列别捷夫在描述太空壮阔又令人敬畏后，紧接着就会谈到太空生活的单调和沉闷。在谈到从太空看地球的敬畏之后，他说“空间站里的事情很安静、很沉闷”（Lebedev, 1988, p.203）。随后，在写到对接

的挑战时，他说："后来，当我们开始在飞船上进行实际训练时，这一切并不有趣。"（p.241）

29. Lebedev（1988），p.78.

第七章　找寻意义

1. Galton（1885）. 弗朗西斯·高尔顿爵士曾在《自然》杂志上发表过一篇短文，描述了他在一次会议上观察（并试图按照他的习惯来测量）听众成员的情况。我们用这篇文章构建了一个关于该会议的虚构的描述。不过很明显，高尔顿对会议本身并不感兴趣。

2. Barbalet（1999）.

3. Svendsen（2005），引自 pp.7, 30。

4. Frankl（1959），p.129.

5. Kuhn（1976）；同时参考 Healy（1984）和 Raposa（1999）。

6. van Tilburg & Igou（2012, 2016）.

7. Eakman（2011）；Fahlman et al.（2009）；Kunzendorf & Buker（2008）；Weinstein et al.（1995）；MacDonald & Holland（2002）；McLeod & Vodanovich（1991）；Melton & Schulenberg（2007）；Tolor & Siegel（1989）.

8. McLeod & Vodanovich（1991）；Tolor & Siegel（1989）.

9. Fahlman et al.（2009）.

10. Drob & Bernard（1988）.

11. Bargdill（2000）.

12. 在第二章中，我们回顾了导致无聊的各种因素，缺乏生活意义只是其一。此外，缺乏生活意义并不**总是**导致无聊。

13. Eastwood（未出版数据）.

14. 正如在第一章所讨论的，我们认为缺乏场景意义是与无聊密切相关的特征或后果，但并非无聊的核心。

15. 我们的头脑被不太重要的活动所占据（因而不感到无聊）是有可

能的。另一方面，我们也有可能因为做了一些没有完全占据我们的头脑却有深刻意义的事情（从而感到无聊）。回顾之前讲的例子，即疯狂追剧和给小朋友讲没完没了的文字游戏。前者没有意义，但不乏味，而后者有深刻的意义，但会变得有点乏味。

16. van Tilburg et al.（2013）.

17. van Tilburg & Igou（2017）.

18. van Tilburg & Igou（2011）.

19. van Tilburg & Igou（2016）.

20. Coughlan et al.（2019）.

21. Nels F. S. Ferre, 引自 Boehm（2006）, p.160。

22. Kustermans & Ringmar（2011）.

23. Svendsen（2005）.

24. Gosselin & Schyns（2003）.

25. 研究人员指出，由于杂乱无章的版本最容易“被认知操纵以获得有意义的结果……结果支持了强调积极构建环境的理论”。Landon & Suedfeld（1969）, p.248.

26. Brissett & Snow（1993）.

27. 这个想法来自社会学家奥林·克莱普的书《过载和无聊》（1986），我们将在第八章探讨。

28. 这句来自莎士比亚的《麦克白》，也是威廉·福克纳的小说《喧哗与骚动》书名的来源。

29. Svendsen（2005）, p.32.

30. Elpidorou（2014）, p.2. 同时参考 Elpidorou（2018）。

第八章　正在形成的流行病

1. Klapp（1986）, pp.1–2.

2. 关于苏格拉底，见 Yunis（2011）; James（1900）; Kracauer（1995）。

Kracauer认为，和苏格拉底一样，在20世纪早期，记忆力受到了不断进步的科技的威胁。在我们这个时代，心理学家研究了他们所谓的“认知卸载”——例如，依靠谷歌地图来寻找我们的道路而不是自己学习怎么走（Risko & Gilbert, 2016）。因此，尽管是以新技术的形式，我们似乎永远都在关注苏格拉底对书面文字的威胁的感叹。

3. Klapp（1986）, p.49.

4. Richard Smith（1981）可能是第一个暗示这一假设的人，即那些容易感到无聊的人处在单调和选择或感觉过多的极端。一些间接的证据支持了这个假设：一方面，有着高度无聊倾向的人会更多地寻求刺激（Zuckerman，1979）。另一方面，他们也在挣扎着“上手做事情”（Mugon et al., 2018）。这就是无聊的难题——高度无聊的个体**知道**他们想要从事一些新奇的、有意义的、令人满意的事情，却停留在行动的选择阶段，无法启动（Danckert et al., 2018b）。

5. 完整列表需要仔细研究。

i. 大声说话（吵着要在噪声中被听到——克莱普的“自我尖叫”）。

ii. 理解困难（求助于术语来理解信息并排斥他人）。

iii. 不连续/不连贯（信息的不连贯性体现在电视屏幕上，一个窗口是人在说话，一个窗口是天气预报，另一个窗口是交通摄像头，再加上另一个窗口的新闻报道的嘀嗒声）。

iv. 不好的复杂性（没有意义的复杂性）。

v. 频道杂乱（达到和超过处理不同信息来源的能力）。

vi. 缺乏反馈，使其更难从噪声中过滤信号。

vii. 风格噪声（想想不断变化的流行趋势）。

viii. 伪信息（克莱普预见到了现在这个“假新闻“时代——以此类推，假币让我们感到富有，只要它没有被发现），以及纯粹的超载——可用信息量的急剧增加。

6. Klapp（1986）, p.106.

7. 这个分析由克莱普（1986）首次提出。

8. 关于知识倍增曲线的更多信息，见http://www.industrytap.com/knowledge-doubling-every-12-months-soon-to-be-every-12-hours/3950。

9. Bornmann & Mutz（2015）. 自1660年以来发表的论文总数量超过了5 000万大关，现在每年依然有250万篇文章发表（http://www.cdnsciencepub.com/blog/21st-century-science-overload.aspx）。仅仅这两个例子就突出了信息爆炸带来的挑战：互联网估计包含多达500万兆字节（TB）的信息，而谷歌只绘制了约200兆字节或0.004%的可用信息总量。绘制一个普通人大脑的神经连接图估计需要几十亿兆字节（一个兆字节是1 015个字节）！

10. 我们还记得软盘确实容量不大，像博士论文这样的文件需要多个3.25英寸软盘来存储。现在，同样的文件在普通U盘上几乎不占什么空间。

11. 诸如“互联网毁了我的大脑”或“互联网让我们变笨了”这样的说法在尼古拉·卡尔（Nicholas Carr）的《浅薄：互联网如何毒化了我们的大脑》（*The Shallows: What the Internet Is Doing to Our Brains*, 2011）一书中被深入探讨，让人想起苏格拉底对书面文字会毁掉我们的担忧。这种说法是夸张的，没有事实根据（就像无聊成为流行病的可能性）。然而，从石版雕刻到互联网，随着每一个技术进步的出现，我们有必要问问它带来的积极和消极影响可能是什么。

12. 关于互联网的历史，见Hafner & Lyon（1988）。

13. 杨及其同事对互联网成瘾的最初描述（Young, 1998; Young & Rogers, 1998）认为它不是一个物质滥用问题，而更像是一个冲动控制问题。这与我们的描述相吻合，即未能有意义地占据自己的头脑促使人们转向互联网寻求娱乐——快速、容易，但最终得不到满足。网络成瘾作为一种诊断性精神疾病的概念还没有进入《精神疾病诊断与统计手册》（DSM），这表明该领域仍存在怀疑态度。在DSM-V（最新版本）中提到，互联网游戏障碍是一个需要进一步研究的领域。一些早期研究确实表明，过度使用互联网的人表现出耐受性（想要越来越多的上网时间以获得满足）和戒断（在离线时表现出抑郁和烦躁的感觉）的行为，这都属于物质成瘾的典型迹象（Scherer, 1997）。

14. Bernardi & Pallanti（2009）；Nichols & Nicki（2004）.这些研究强调了合并症——其他精神疾病通常与网络成瘾共存（例如抑郁症和冲动控制障碍）。在Bernardi和Pallanti的研究中，人们报告说，当他们**被阻止**上网时，他们无聊的程度上升了，这是成瘾的另一个显著迹象。

15. Elhai et al.（2017）.

16. Jean Twenge（2017）展示了来自美国青年的大样本数据，表明智能手机和社交媒体使用的增加与精神疾病的增加之间存在联系。值得指出（正如腾格所做的那样）的是，这是一种相关性而非因果性。

17. Whiting & Williams（2013）。20世纪80年代的一篇论文表明，人们通过看电视来缓解无聊，就像我们现在上网一样，基本上是为了打发时间（Bryant & Zillmann, 1984）。

18. 这里我们使用的是法国哲学家让·鲍德里亚（1994）使用的术语——假象。他谈到了超现实，在这种情况下，被指代的事物被指代者所取代。如果我们把这个想法简化一下，我们可以说现实世界被一个虚拟的、超现实的世界所取代，感觉起来比现实世界更真实。互联网、社交媒体和被称为“真人秀”的矛盾说法都代表了假象的各种形式。

19. Thiele（1997）.类似的分析也见Aho（2007）。

20. Thiele（1997）, p.505.

21. Cushman（1995）.

22. Simmel（2012）, p.31.

23. Twenge（2017）.

24. Arad et al.（2017）; Tromholt（2016）.

25. Yeykelis et al.（2014）.

26. Damrad-Frye & Laird（1989）.

27. 自20世纪90年代中期以来，性无聊已经在被测量（Watt & Ewing, 1996）。这里提到的研究来自Chaney & Chang（2005）；Gana et al.（2000）。一项研究表明，男性将性无聊看成是保持一夫一妻制所需付出的代价（Tunariu & Reavey, 2007）。

28. 见https://www. nytimes. com/2018/01/17/world/europe/uk-britain-loneliness. html。

29. 乔·考克斯孤独问题委员会是为了纪念在英国脱欧运动中被谋杀的英国议员而成立的。在她去世之前，她曾致力于建立一个委员会，通过与一系列非政府组织合作来解决孤独问题。https://www.jocoxloneliness. org/。

30. Chin et al.（2017）.在这项研究之前，还有很多研究提到了无聊和孤独；Farmer & Sundberg（1986）; Reissman et al.（1993）; Spaeth et al.（2015）。

31. Chan et al.（2018）.

第九章　顺其自然

1. 电影《徒手攀岩》记录了亚历克斯·霍诺德攀登位于优胜美地国家公园的三千英尺高的酋长岩的过程。

2. Csikszentmihalyi（1975）.

3. Csikszentmihalyi & Larson（2014）.采集受访者体验的方法很多，短期（打断受访者的工作）或者长期（手机发送提醒问他们现在感觉怎么样，以及几天、几周或几个月后怎么样）。

4. 事实上，奇克森特米哈伊（1990）承认这个说法来自受访者自己对这种状态的描述，他们感觉在“漂浮”或者“被流水拖着走”。（p.40）

5. Marty-Dugas & Smilek（2019）.

6. Struk et al.（2015）.

7. Fahlman et al.（2013）.

8. Pekrun et al.（2010, 2014）.第八章谈到新奇或者复杂过度也会导致无聊。被过度挑战会导致无聊的原因很简单。毫无疑问的是挑战过大也可能引起焦虑。

9. Blunt & Pychyl（2005）; Ferrari（2000）; Vodanovich & Rupp（1999）.

10. Cheyne et al.（2006）; Carriere et al.（2008）; Hunter & Eastwood（2018, 2019）; Malkovsky et al.（2012）.

11. LeDoux & Pine（2016）.

12. 亚历克斯·霍诺德的口述刊于*Ferriss*（2018）:"在爬那些难度较高的路线时我通常并不害怕。虽然分清楚恐惧和风险很重要。如果风险很高，那你应该感到害怕。它提醒你危险是真实存在的。如果我真的感到很害怕，我就会缓几天，再多准备些，多做些，来减轻我的恐惧，在我感觉舒服的时候再去爬。"

13. Fahlman et al.（2013）; Gana et al.（2000）; Harris（2000）; Mercer-Lynn et al.（2013a）; Seib & Vodanovich（1998）.

14. 查看霍诺德的更多攀岩成就：http://www.alexhonnold.com/。

15. 引用自Chancellor（2014）。

16. Damrad-Frye & Laird（1989）; Danckert & Allman（2005）; Watt（1991）.

17. Zakay（2014）.

18. Renninger & Hidi（2015）写道:"兴趣指的是一个人投入某些活动时的心理状态，**也**指过段时间想重新投入进去的认知和情绪动机倾向。"（p.8, 黑体为笔者所加。）

19. Dennett（2009）.

20. Dennett把这称为"调试的乐趣"——利用冷笑话这个例子来微调关于世界如何运作的认知模型，Hurley et al.（2011）。

21. 除了年历之外，更多有关呆子的趣事可以参考这本指南。见Carlson（2015）。

22. Gerstein（2003）.

23. 有些研究表明我们有一种与生俱来的倾向，会觉得复杂、模糊和惊讶有趣——但肯定不包括交通锥（Berlyne, 1954, 1960, 1966, 1974; Hidi, 1990）。

24. Nunoi and Yoshikawa（2016）.

25. Zajonc（1968）. Peretz et al.（1998）发现一些第一次听觉得难听的歌在第二次听时会得到更高的评价。

26. 引自 Schwarz（2018），p.37；同时参考 Zajonc（1968）。重要的是，我们认为熟悉的事物有着让我们无聊的风险，因为它不再需要太多精神投入。（e.g., Bornstein, 1989; Van den Bergh & Vrana, 1998.）

27. 当无聊袭来时，我们眼前面对的事情可能并不是随机的。在戴维的例子中，他关注交通锥是因为他的工作性质使然，以及想要解决一桩专利纠纷的动机。

28. 人们普遍认为这句话来自 Dorothy Parker。

29. Charnov（1976）；Kurzban et al.（2013）；Northcraft & Neale（1986）.

30. 最近一项有关无聊、好奇和探索的计算建模研究发现，由无聊驱动的算法比好奇心驱动的算法更成功地学习了新的环境。也许两种状态都会引起探索，但无聊似乎对学习更加有效。（Yu et al., 2018.）

31. 我们并不想把好奇心和兴趣混为一谈。也许好奇心激起的探索可以引起我们认为有趣的活动。同样，我们感兴趣的活动也可能激发好奇心。也有一些兴趣（如集邮），它们可以长久持续，但不一定会激发好奇心。我们认为精神投入的方式多种多样，其中许多并不需要我们达到心流。有关好奇的种类，参考 Berlyne（1954, 1966）; Litman & Spielberger（2003）; Reio et al.（2006）。虽然不同研究的定义不同，二分法大致上还是统一的：信息的或感官的（Litman & Spielberger）；认识的或感知的（Berlyne）。

32. Hunter et al.（2016）; Kashdan et al.（2004）; Pekrun et al.

（2017）; Reio et al.（2006）.

33. 冷漠的特征是无欲无求，放松则是**没有什么未竟的欲望**。

34. Sawin & Scerbo（1995）让易无聊和不易无聊的被试做一个注意力实验，要求他们识别屏幕上不经常出现的闪烁，被试可以集中注意力也可以放轻松。仅仅是告诉他们放轻松，易无聊的被试的无聊水平就降低到和不易无聊的被试一样。

35. Morita et al.（2007）; Park et al.（2010）.

结语

1. 戈尔迪之结的传说起源于古希腊，其寓意是只要我们能打破常规思维，再困难的问题都会有一个简单的解法。据传，戈尔迪国王的牛车被捆在了一根柱子上，绳子打了一个无比复杂的结。解开戈尔迪之结的人将成为下一任国王。亚历山大一世最开始也试图解开这个结，然后意识到用剑把绳子砍断就可以解决了。

2. 发挥能动性可能并不总会有理想的结果。精神病患者可能有很强的能动性，但很少有人会容忍他们的疯狂行径。我们的理解是，发挥能动性是防止无聊变成慢性以及导致更多问题的最佳方式。至于如何在道德允许的范围内发挥能动性，则是另一个问题。

3. Russell（2012）. "无法忍受无聊的一代将变成渺小的一代，脱离了生命缓慢本质的一代，如同花瓶里的鲜花——生命的脉搏将走向枯萎的一代。"（p.54）

4. Dixon et al.（2010, 2014）. Mike Dixon及其同事表明，与赢钱相关的"铃声和口哨"可能会引起误导。在多线老虎机游戏中，如果一个赌徒在七条线上下注，但是只在其中一条上赢了，他还是在输钱。无论如何，机器仍然亮着灯，播放着欢快的歌曲，愚弄着这个无助的赌徒，让他以为自己赢了，骗他继续赌。Dixon及其同事称这是"伪装成胜利的损失"，导致"暗流"。

5. LePera（2011）.

6. Koval & Todman（2015）.练习正念冥想的人们和有更佳正念技巧的人能够更好地忍受无聊的任务，而非向无聊屈服（Hallard, 2014; Petranker, 2018）。

7. 根据佛教的说法，磨难是我们对疼痛的反应（任何形式的情感或身体的疼痛）。这个想法体现在“痛苦不可避免，磨难可以选择”这句格言上。这句话适用于无聊以及其他令人不悦的感受。

8. 第五章中提到的无聊和攻击之间的联系最突出地体现为一种特定类型的攻击性——敌意（Isacescu et al., 2017）。一种解释是，当无聊的时候，我们会对世界展现敌意——这个世界不够好，因此我们责怪它。

9. Warhol & Hackett（1988, p.8）.

10. 卡萝·奥诺德（Carl Honoré）的书《放慢生活脚步》（*In Praise of Slowness*, 2004）也包含了相似的意思。在探索慢食运动和密宗性爱等方面，他并不建议一切都应该慢慢来。相反，我们应该选择我们自己的节奏。

11. Kierkegaard（1992, p.214）.“因为不快乐的人是把他的理想、生活的内容、意识的充实以及他真正的本性以某种方式放在自己之外。不快乐的人的自我总是缺席，从不在自己身上出现。”

12. Brodsky（1995, pp.109–110）.

13. 大卫·福斯特·华莱士在他书写无聊的著作《苍白之王》（*The Pale King*, 2011, p.440）中沉思道：“一言以蔽之，难以忍受。……它是现代生活的关键。如果你对无聊有免疫力，简直就没有什么事情是你不能完成的。”

14. Brodsky（1995, pp.110–111）.

15. Nietzsche（2006, p.385）.

参考文献

Abramson, Edward E., and Shawn G. Stinson. 1977. "Boredom and eating in obese and non-obese individuals." *Addictive Behaviors* 2, no. 4: 181–185.

Aho, Kevin. 2007. "Simmel on acceleration, boredom, and extreme aesthesia." *Journal for the Theory of Social Behaviour* 37, no. 4: 447–462.

Arad, Ayala, Ohad Barzilay, and Maayan Perchick. 2017. "The impact of Facebook on social comparison and happiness: Evidence from a natural experiment." Unpublished manuscript, February 13. https://papers.ssrn.com/sol3/papers.cfm?abstract_id=2916158.

Arrigo, Bruce A., and Jennifer Leslie Bullock. 2008. "The psychological effects of solitary confinement on prisoners in supermax units: Reviewing what we know and recommending what should change." *International Journal of Offender Therapy and Comparative Criminology* 52, no. 6: 622–640.

Baddeley, Alan. 1996. "Exploring the central executive." *Quarterly Journal of Experimental Psychology Section A* 49, no. 1: 5–28.

Barbalet, Jack M. 1999. "Boredom and social meaning." *British Journal of Sociology* 50, no. 4: 631–646.

Bargdill, Richard. 2000. "The study of life boredom." *Journal of Phenomenological Psychology* 31, no. 2: 188–219.

Barmack, Joseph E. 1937. "Boredom and other factors in the physiology of mental effort: An exploratory study." *Archives of Psychology* 31: 1–83.

Barmack, Joseph E. 1938. "The effect of benzedrine sulfate (benzyl methyl carbinamine) upon the report of boredom and other factors." *Journal of Psychology* 5, no. 1: 125–133.

Barmack, Joseph E. 1939. "Studies on the psychophysiology of boredom: Part I. The effect of 15 mgs. of benzedrine sulfate and 60 mgs. of ephedrine hydrochloride on blood pressure, report of boredom and other factors." *Journal of Experimental Psychology* 25, no. 5: 494.

Barnett, Lynn A., and Sandra Wolf Klitzing. 2006. "Boredom in free time: Relationships with personality, affect, and motivation for different gender, racial and ethnic student groups." *Leisure Sciences* 28, no. 3: 223–244.

Bartone, Paul T., Amy B. Adler, and Mark A. Vaitkus. 1998. "Dimensions of psychological stress in peacekeeping operations." *Military Medicine* 163, no. 9: 587–593.

Baudrillard, Jean. 1994. *Simulacra and Simulation*. Ann Arbor: University of Michigan Press.

Bench, Shane W., and Heather C. Lench. 2013. "On the function of boredom." *Behavioral Sciences* 3, no. 3: 459–472.

Bengtsson, Tea Torbenfeldt. 2012. "Boredom and action: Experiences from youth confinement." *Journal of Contemporary Ethnography* 41, no. 5: 526–553.

Ben-Zeev, Dror, Michael A. Young, and Colin A. Depp. 2012. "Real-time predictors of suicidal ideation: Mobile assessment of hospitalized depressed patients." *Psychiatry Research* 197, nos. 1–2: 55–59.

Berlyne, Daniel E. 1960. *Conflict, Arousal, and Curiosity*. New York: McGraw-Hill.

Berlyne, Daniel E. 1966. "Curiosity and exploration." *Science* 153, no. 3731: 25–33.

Berlyne, Daniel E. 1974. *Studies in the New Experimental Aesthetics: Steps toward an Objective Psychology of Aesthetic Appreciation*. Washington, DC: Hemisphere.

Berlyne, Daniel Ellis. 1954. "A theory of human curiosity." *British Journal of Psychology: General Section* 45, no. 3: 180–191.

Bernardi, Sylvia, and Stefano Pallanti. 2009. "Internet addiction: A descriptive clinical study focusing on comorbidities and dissociative symptoms." *Comprehensive Psychiatry* 50, no. 6: 510–516.

Bernstein, Haskell E. 1975. "Boredom and the ready-made life." *Social Research*: 512–537.

Best, John R., and Patricia H. Miller. 2010. "A developmental perspective on executive function." *Child Development* 81, no. 6: 1641–1660.

Biolcati, Roberta, Giacomo Mancini, and Elena Trombini. 2018. "Proneness to boredom and risk behaviors during adolescents' free time." *Psychological Reports* 121, no. 2: 303–323.

Bishop, Sheryl L. 2004. "Evaluating teams in extreme environments: From issues to answers." *Aviation, Space, and Environmental Medicine* 75, no. 7: C14–C21.

Blaszczynski, Alex, Neil McConaghy, and Anna Frankova. 1990. "Boredom proneness in pathological gambling." *Psychological Reports* 67, no. 1: 35–42.

Blunt, Allan, and Timothy A. Pychyl. 2005. "Project systems of procrastinators: A personal project-analytic and action control perspective." *Personality and Individual Differences* 38, no. 8: 1771–1780.

Blunt, Allan, and Timothy A. Pychyl. 1998. "Volitional action and inaction in the lives of undergraduate students: State orientation, procrastination and proneness to boredom." *Personality and Individual Differences* 24, no. 6: 837–846.

Boehm, Jim. 2006. *The Handbook for Exploding the Economic Myths of the Political Sound Bite*. West Conshohocken, PA: self published (Infinity Press).

Bolhuis, Jantina Elizabeth, Willem G. P. Schouten, Johan W. Schrama, and Victor M. Wiegant. 2006. "Effects of rearing and housing environment on behaviour and performance of pigs with different coping characteristics." *Applied Animal Behaviour Science* 101, nos. 1–2: 68–85.

Bond, Frank W., Steven C. Hayes, Ruth A. Baer, Kenneth M. Carpenter, Nigel Guenole, Holly K. Orcutt, Tom Waltz, and Robert D. Zettle. 2011. "Preliminary psychometric properties of the Acceptance and Action Questionnaire–II: A revised measure of psychological inflexibility and experiential avoidance." *Behavior Therapy* 42, no. 4: 676–688.

Bonnaire, Céline, Michel Lejoyeux, and Roland Dardennes. 2004. "Sensation seeking in a French population of pathological gamblers: Comparison with regular and nongamblers." *Psychological Reports* 94, no. 3, suppl.: 1361–1371.

Bornmann, Lutz, and Rüdiger Mutz. 2015. "Growth rates of modern science: A bibliometric analysis based on the number of publications and cited references." *Journal of the Association for Information Science and Technology* 66, no. 11: 2215–2222.

Bornstein, Robert F. 1989. "Exposure and affect: Overview and meta-analysis of research, 1968–1987." *Psychological Bulletin* 106, no. 2: 265–289.

Boyle, Gregory J., Lisa M. Richards, and Anthony J. Baglioni Jr. 1993. "Children's Motivation Analysis Test (CMAT): An experimental manipulation of curiosity and boredom." *Personality and Individual Differences* 15, no. 6: 637–643.

Boys, Annabel, John Marsden, and John Strang. 2001. "Understanding reasons for drug use amongst young people: a functional perspective." *Health Education Research* 16, no. 4: 457–469.

Bradshaw, John W., Anne J. Pullen, and Nicola J. Rooney. 2015. "Why do adult dogs 'play'?" *Behavioural Processes* 110: 82–87.

Breazeal, Cynthia. 2009. "Role of expressive behaviour for robots that learn from people." *Philosophical Transactions of the Royal Society B: Biological Sciences* 364, no. 1535: 3527–3538.

Brissett, Dennis, and Robert P. Snow. 1993. "Boredom: Where the future isn't." *Symbolic Interaction* 16, no. 3: 237–256.

Britton, Annie, and Martin J. Shipley. 2010. "Bored to death?" *International Journal of Epidemiology* 39, no. 2: 370–371.

Brodsky, Joseph. 1995. "In praise of boredom." In *On Grief and Reason*. New York: Farrar Straus and Giroux.

Brown, Richard E. 2007. "Alfred McCoy, Hebb, the CIA and torture." *Journal of the History of the Behavioral Sciences* 43, no. 2: 205–213.

Bryant, Jennings, and Dolf Zillmann. 1984. "Using television to alleviate boredom and stress: Selective exposure as a function of induced excitational states." *Journal of Broadcasting and Electronic Media* 28, no. 1: 1–20.

Burda, Yuri, Harri Edwards, Deepak Pathak, Amos Storkey, Trevor Darrell, and Alexei A. Efros. 2018. "Large-scale study of curiosity-driven learning." Unpublished manuscript, August 13. https://arxiv.org/abs/1808.04355.

Burn, Charlotte C. 2017. "Bestial boredom: A biological perspective on animal boredom and suggestions for its scientific investigation." *Animal Behaviour* 130: 141–151.

Burney, C. 1952. *Solitary Confinement*. New York: Coward-McCann.

Burroughs, E. A. 1916. *The Fight for the Future*. London: Nisbet.

Byron, George Gordon, Lord. 2005. *Don Juan*. Rpt. ed., New York: Penguin Classics, 2005.

Cairns, Hugh, R. C. Oldfield, J. B. Pennybacker, and D. Whitteridge. 1941. "Akinetic mutism with an epidermoid cyst of the 3rd ventricle." *Brain* 64, no. 4: 273–290.

Caldwell, Linda L., Nancy Darling, Laura L. Payne, and Bonnie Dowdy. 1999. "'Why are you bored?': An examination of psychological and social control causes of boredom among adolescents." *Journal of Leisure Research* 31, no. 2: 103–121.

Caldwell, Linda L., and Edward A. Smith. 1995. "Health behaviors of leisure alienated youth." *Loisir et Société / Society and Leisure* 18, no. 1: 143–156.

Caldwell, L. L., and E. A. Smith. 2006. "Leisure as a context for youth development and delinquency prevention." *Australian and New Zealand Journal of Criminology* 39: 398–418.

Caldwell, Linda L., Edward A. Smith, and Ellen Weissinger. 1992. "Development of a leisure experience battery for adolescents: Parsimony, stability, and validity." *Journal of Leisure Research* 24, no. 4: 361–376.

Carlstead, Kathy. 1996. "Effects of captivity on the behavior of wild mammals." In *Wild Mammals in Captivity: Principles and Techniques,* ed. Devra Kleiman, Mary Allen, Susan Lumpkin, and Katerina Thompson. Chicago: University of Chicago Press.

Carlson, Leland. 2015. *Dull Men of Great Britain.* London: Ebury Press.

Carr, Nicholas. 2011. *The Shallows: What the Internet Is Doing to Our Brains.* New York: W. W. Norton.

Carriere, Jonathan S. A., J. Allan Cheyne, and Daniel Smilek. 2008. "Everyday attention lapses and memory failures: The affective consequences of mindlessness." *Consciousness and Cognition* 17, no. 3: 835–847.

Carroll, Douglas, and Justine A. A. Huxley. 1994. "Cognitive, dispositional, and psychophysiological correlates of dependent slot machine gambling in young people." *Journal of Applied Social Psychology* 24, no. 12: 1070–1083.

Chan, Christian S., Wijnand A. P. van Tilburg, Eric R. Igou, Cyanea Y. S. Poon, Katy Y. Y. Tam, Venus U. T. Wong, and S. K. Cheung. 2018. "Situational meaninglessness and state boredom: Cross-sectional and experience-sampling findings." *Motivation and Emotion* 42, no. 4: 555–565.

Chancellor, Will. 2014. "Alex Honnold." https://www.interviewmagazine.com/culture/alex-honnold.

Chaney, Michael P., and Catherine Y. Chang. 2005. "A trio of turmoil for Internet sexually addicted men who have sex with men: Boredom proneness, social connectedness, and dissociation." *Sexual Addiction and Compulsivity* 12, no. 1: 3–18.

Chapman, Alexander L., and Katherine L. Dixon-Gordon. 2007. "Emotional antecedents and consequences of deliberate self-harm and suicide attempts." *Suicide and Life-Threatening Behavior* 37, no. 5: 543–552.

Charnov, Eric L. 1976. "Optimal foraging, the marginal value theorem." *Theoretical Population Biology* 9, no. 2: 129–136.

Cheyne, James Allan, Jonathan S. A. Carriere, and Daniel Smilek. 2006. "Absent-mindedness: Lapses of conscious awareness and everyday cognitive failures." *Consciousness and Cognition* 15, no. 3: 578–592.

Chin, Alycia, Amanda Markey, Saurabh Bhargava, Karim S. Kassam, and George Loewenstein. 2017. "Bored in the USA: Experience sampling and boredom in everyday life." *Emotion* 17, no. 2: 359–368.

Ciocan, Cristian. 2010. "Heidegger and the problem of boredom." *Journal of the British Society for Phenomenology* 41, no. 1: 64–77.

Claes, Laurence, Walter Vandereycken, and Hans Vertommen. 2001. "Self-injurious behaviors in eating-disordered patients." *Eating Behaviors* 2, no. 3: 263–272.

Clarke, Dave, Samson Tse, Max W. Abbott, Sonia Townsend, Pefi Kingi, and Wiremu Manaia. 2007. "Reasons for starting and continuing gambling in a mixed ethnic community sample of pathological and non-problem gamblers." *International Gambling Studies* 7, no. 3: 299–313.

Coffman, Donna L., Linda L. Caldwell, and Edward A. Smith. 2012. "Introducing the at-risk average causal effect with application to HealthWise South Africa." *Prevention Science* 13, no. 4: 437–447.

Coman, Greg J., Graham D. Burrows, and Barry J. Evans. 1997. "Stress and anxiety as factors in the onset of problem gambling: Implications for treatment." *Stress Medicine* 13, no. 4: 235–244.

Conrad, Peter. 1997. "It's boring: Notes on the meanings of boredom in everyday life." *Qualitative Sociology* 20, no. 4: 465–475.

Conroy, Ronán M., Jeannette Golden, Isabelle Jeffares, Desmond O'Neill, and Hannah McGee. 2010. "Boredom-proneness, loneliness, social engagement and depression and their association with cognitive function in older people: A population study." *Psychology, Health and Medicine* 15, no. 4: 463–473.

Cook, Frederick Albert. 1909. *Through the First Antarctic Night, 1898–1899.* New York: Doubleday, Page.

Cotte, June, and Kathryn A. Latour. 2008. "Blackjack in the kitchen: Understanding online versus casino gambling." *Journal of Consumer Research* 35, no. 5: 742–758.

Coughlan, Gillian, Eric R. Igou, Wijnand A. P. van Tilburg, Elaine L. Kinsella, and Timothy D. Ritchie. 2019. "On boredom and perceptions

of heroes: A meaning-regulation approach to heroism." *Journal of Humanistic Psychology* 59, no. 4: 455–473.
Craig, Arthur D. 2009. "How do you feel—now? The anterior insula and human awareness." *Nature Reviews Neuroscience* 10, no. 1: 59–70.
Crockett, Amanda C., Samantha K. Myhre, and Paul D. Rokke. 2015. "Boredom proneness and emotion regulation predict emotional eating." *Journal of Health Psychology* 20, no. 5: 670–680.
Csikszentmihalyi, Mihaly, with contributions by I. Csikszentmihalyi. 1975. *Beyond Boredom and Anxiety.* San Francisco: Jossey-Bass.
Csikszentmihalyi, Mihaly. 1990. *Flow: The Psychology of Optimal Experience.* New York: Harper and Row.
Csikszentmihalyi, Mihaly, and Reed Larson. 2014. "Validity and reliability of the experience-sampling method." In *Flow and the Foundations of Positive Psychology,* 35–54. Dordrecht, NL: Springer.
Cushman, Philip. 1995. *Constructing the Self, Constructing America: A Cultural History of Psychotherapy.* Reading, MA: Addison-Wesley.
Dahl, Ronald E. 2004. "Adolescent brain development: A period of vulnerabilities and opportunities. Keynote address." *Annals of the New York Academy of Sciences* 1021, no. 1: 1–22.
Dahl, Ronald E. 2001. "Affect regulation, brain development, and behavioral / emotional health in adolescence." *CNS Spectrums* 6, no. 1: 60–72.
Dahlen, Eric R., Ryan C. Martin, Katie Ragan, and Myndi M. Kuhlman. 2004. "Boredom proneness in anger and aggression: Effects of impulsiveness and sensation seeking." *Personality and Individual Differences* 37, no. 8: 1615–1627.
Dal Mas, Dennis E., and Bianca C. Wittmann. 2017. "Avoiding boredom: Caudate and insula activity reflects boredom-elicited purchase bias." *Cortex* 92: 57–69.
Damrad-Frye, Robin, and James D. Laird. 1989. "The experience of boredom: The role of the self-perception of attention." *Journal of Personality and Social Psychology* 57, no. 2: 315.
Danckert, James A., and Ava-Ann A. Allman. 2005. "Time flies when you're having fun: Temporal estimation and the experience of boredom." *Brain and Cognition* 59, no. 3: 236–245.
Danckert, James, Tina Hammerschmidt, Jeremy Marty-Dugas, and Daniel Smilek. 2018a. "Boredom: Under-aroused and restless." *Consciousness and Cognition* 61: 24–37.

Danckert, James, and Julia Isacescu. 2017. "The bored brain: Insular cortex and the default mode network." Unpublished manuscript, September 27. https://psyarxiv.com/aqbcd/.

Danckert, James, and Colleen Merrifield. 2018. "Boredom, sustained attention and the default mode network." *Experimental Brain Research* 236, no. 9: 2507–2518.

Danckert, James, Jhotisha Mugon, Andriy Struk, and John D. Eastwood. 2018b. "Boredom: What is it good for?" In *The Function of Emotions,* ed. Heather C. Lench, 93–119. Cham: Springer.

Davies, A. Hudson. 1926. "Discussion on the physical and mental effects of monotony in modern industry." *British Medical Journal* 2, no. 3427: 472–479.

Dearborn, G. van N. 1932. "A case of congenital general pure analgesia." *Journal of Nervous and Mental Disease* 75: 612–615.

DeCarli, Charles, Joseph Massaro, Danielle Harvey, John Hald, Mats Tullberg, Rhoda Au, Alexa Beiser, Ralph D'Agostino, and Philip A. Wolf. 2005. "Measures of brain morphology and infarction in the Framingham heart study: Establishing what is normal." *Neurobiology of Aging* 26, no. 4: 491–510.

Deci, Edward L., and Richard M. Ryan. 1985. *Intrinsic Motivation and Self-Determination in Human Behavior.* New York: Plenum.

Deci, Edward L., and Richard M. Ryan. 2008. "Self-determination theory: A macrotheory of human motivation, development, and health." *Canadian Psychology / Psychologie canadienne* 49, no. 3: 182–185.

Dennett, Daniel. 2009. "Cute, Sexy, Sweet, Funny." Filmed March 15. TED video, 7:45. https://www.ted.com/talks/dan_dennett_cute_sexy_sweet_funny.

de Viggiani, Nick. 2007. "Unhealthy prisons: Exploring structural determinants of prison health." *Sociology of Health and Illness* 29, no. 1: 115–135.

Diamond, Adele. 2005. "Attention-deficit disorder (attention-deficit / hyperactivity disorder without hyperactivity): A neurobiologically and behaviorally distinct disorder from attention-deficit / hyperactivity disorder (with hyperactivity)." *Development and Psychopathology* 17, no. 3: 807–825.

Dickens, Charles. 2003. *Bleak House.* New York: Penguin Classics.

Dickens, Charles. 2005. *Bleak House.* Directed by Justin Chadwick and Susan White, screenplay by Andrew Davies, produced by Sally Haynes and Laura Mackie. BBC One, television serial.

Dickerson, Mark, John Hinchy, and John Fabre. 1987. "Chasing, arousal and sensation seeking in off-course gamblers." *British Journal of Addiction* 82, no. 6: 673–680.

Dixon, Mike J., Candice Graydon, Kevin A. Harrigan, Lisa Wojtowicz, Vivian Siu, and Jonathan A. Fugelsang. 2014. "The allure of multi-line games in modern slot machines." *Addiction* 109, no. 11: 1920–1928.

Dixon, Mike J., Kevin A. Harrigan, Rajwant Sandhu, Karen Collins, and Jonathan A. Fugelsang. 2010. "Losses disguised as wins in modern multi-line video slot machines." *Addiction* 105, no. 10: 1819–1824.

Dixon, Mike J., Madison Stange, Chanel J. Larche, Candice Graydon, Jonathan A. Fugelsang, and Kevin A. Harrigan. 2018. "Dark flow, depression and multiline slot machine play." *Journal of Gambling Studies* 34, no. 1: 73–84.

Drob, Sanford L., and Harold S. Bernard. 1988. "The bored patient: A developmental / existential perspective." *Psychotherapy Patient* 3, nos. 3–4: 63–73.

Eakman, Aaron M. 2011. "Convergent validity of the Engagement in Meaningful Activities Survey in a college sample." *OTJR: Occupation, Participation and Health* 31, no. 1: 23–32.

Eastwood, John D., Carolina Cavaliere, Shelley A. Fahlman, and Adrienne E. Eastwood. 2007. "A desire for desires: Boredom and its relation to alexithymia." *Personality and Individual Differences* 42, no. 6: 1035–1045.

Eastwood, John D., Alexandra Frischen, Mark J. Fenske, and Daniel Smilek. 2012. "The unengaged mind: Defining boredom in terms of attention." *Perspectives on Psychological Science* 7, no. 5: 482–495.

Eastwood, John D., and Dana Gorelik. 2019. "Boredom is a feeling of thinking and a double-edged sword." In *Boredom Is in Your Mind*, ed. Josefa Ros Velasco, 55–70. Cham: Springer.

Eccleston, Chris, and Geert Crombez. 1999. "Pain demands attention: A cognitive-affective model of the interruptive function of pain." *Psychological Bulletin* 125, no. 3: 356–366.

Elhai, Jon D., Juanita K. Vasquez, Samuel D. Lustgarten, Jason C. Levine, and Brian J. Hall. 2018. "Proneness to boredom mediates relationships between problematic smartphone use with depression and anxiety severity." *Social Science Computer Review* 36, no. 6: 707–720.

Elpidorou, Andreas. 2014. "The bright side of boredom." *Frontiers in Psychology* 5: article 1245.

Elpidorou, Andreas. 2018. "The good of boredom." *Philosophical Psychology* 31, no. 3: 323–351.

Elpidorou, Andreas. 2017. "The moral dimensions of boredom: A call for research." *Review of General Psychology* 21, no. 1: 30–48.

Emerson, R. W. 1971. "Lecture on the Times," in *Collected Works of Ralph Waldo Emerson. Vol. 1: Nature, Addresses, and Lectures*, ed. R. E. Spiller and A. R. Ferguson. Cambridge, MA: Harvard University Press.

Fahlman, Shelley A., Kimberley B. Mercer-Lynn, David B. Flora, and John D. Eastwood. 2013. "Development and validation of the multidimensional state boredom scale." *Assessment* 20, no. 1: 68–85.

Fahlman, Shelley A., Kimberley B. Mercer, Peter Gaskovski, Adrienne E. Eastwood, and John D. Eastwood. 2009. "Does a lack of life meaning cause boredom? Results from psychometric, longitudinal, and experimental analyses." *Journal of Social and Clinical Psychology* 28, no. 3: 307–340.

Farmer, Richard, and Norman D. Sundberg. 1986. "Boredom proneness: The development and correlates of a new scale." *Journal of Personality Assessment* 50, no. 1: 4–17.

Farnworth, Louise. 1998. "Doing, being, and boredom." *Journal of Occupational Science* 5, no. 3: 140–146.

Favazza, Armando R. 1998. "The coming of age of self-mutilation." *Journal of Nervous and Mental Disease* 186, no. 5: 259–268.

Fenichel, Otto. 1953. *The Collected Papers of Otto Fenichel*. New York: W. W. Norton.

Fenichel, Otto. 1951. "On the psychology of boredom." *Organization and Pathology of Thought*: 349–361.

Ferrari, Joseph R. 2000. "Procrastination and attention: Factor analysis of attention deficit, boredomness, intelligence, self-esteem, and task delay frequencies." *Journal of Social Behavior and Personality* 15, no. 5, SPI: 185–196.

Ferrell, Jeff. 2004. "Boredom, crime and criminology." *Theoretical Criminology* 8, no. 3: 287–302.

Ferriss, Tim. 2018. "Alex Honnold talks to Tim Ferriss about fear and risk." https://www.outsideonline.com/2334851/alex-honnold-talks-tim-ferriss-about-fear-and-risk#close.

Fiske, Susan T., and Shelley E. Taylor. 1984. *Social Cognition: Topics in Social Psychology*. New York: Random House.

Fleming, Jennifer, Jennifer Sampson, Petrea Cornwell, Ben Turner, and Janell Griffin. 2012. "Brain injury rehabilitation: The lived experience of

inpatients and their family caregivers." *Scandinavian Journal of Occupational Therapy* 19, no. 2: 184–193.
Fogelman, Ken. 1976. "Bored eleven-year-olds." *British Journal of Social Work* 6, no. 2: 201–211.
Fox, Kieran C. R., Evan Thompson, Jessica R. Andrews-Hanna, and Kalina Christoff. 2014. "Is thinking really aversive? A commentary on Wilson et al.'s 'Just think: The challenges of the disengaged mind.'" *Frontiers in Psychology* 5: article 1427.
Frankl, Viktor. 1959. *Man's Search for Meaning.* Trans. Ilse Lasch. Boston: Beacon Press.
Frankl, Victor. 1978. *The Unheard Cry for Meaning: Psychotherapy and Humanism.* New York: Simon and Schuster.
Freeman, Frederick G., Peter J. Mikulka, Mark W. Scerbo, and Lorissa Scott. 2004. "An evaluation of an adaptive automation system using a cognitive vigilance task." *Biological Psychology* 67, no. 3: 283–297.
Frijda, Nico H. 2005. "Emotional experience." *Cognition and Emotion* 19: 473–497.
Frolova-Walker, Marina. 2004. "Stalin and the art of boredom." *Twentieth-century Music* 1, no. 1: 101–124.
Fromm, Erich. 1963. *The Dogma of Christ: And Other Essays on Religion, Psychology and Culture.* New York: Holt, Rinehart and Winston.
Fromm, Erich. 1955. *The Sane Society.* New York: Rinehart.
Galton, Francis. 1885. "The measure of fidget." *Nature* 32, no. 817: 174–175.
Gana, Kamel, Benedicte Deletang, and Laurence Metais. 2000. "Is boredom proneness associated with introspectiveness?" *Social Behavior and Personality: An International Journal* 28, no. 5: 499–504.
Gana, Kamel, Raphael Trouillet, Bettina Martin, and Leatitia Toffart. 2001. "The relationship between boredom proneness and solitary sexual behaviors in adults." *Social Behavior and Personality: An International Journal* 29, no. 4: 385–389.
Gasper, Karen, and Brianna L. Middlewood. 2014. "Approaching novel thoughts: Understanding why elation and boredom promote associative thought more than distress and relaxation." *Journal of Experimental Social Psychology* 52: 50–57.
Gerritsen, Cory J., Joel O. Goldberg, and John D. Eastwood. 2015. "Boredom proneness predicts quality of life in outpatients diagnosed with schizophrenia-spectrum disorders." *International Journal of Social Psychiatry* 61, no. 8: 781–787.

Gerritsen, Cory J., Maggie E. Toplak, Jessica Sciaraffa, and John Eastwood. 2014. "I can't get no satisfaction: Potential causes of boredom." *Consciousness and Cognition* 27: 27–41.

Gerstein, Mordicai. 2003. *The Man Who Walked between the Towers*. Brookfield, CT: Roaring Brook Press.

Giambra, Leonard M., Cameron J. Camp, and Alicia Grodsky. 1992. "Curiosity and stimulation seeking across the adult life span: Cross-sectional and 6-to 8-year longitudinal findings." *Psychology and Aging* 7, no. 1: 150–157.

Gill, Richard, Qixuan Chen, Debra D'Angelo, and Wendy K. Chung. 2014. "Eating in the absence of hunger but not loss of control behaviors are associated with 16p11. 2 deletions." *Obesity* 22, no. 12: 2625–2631.

Godin, Seth. 2007. *The Dip: A Little Book That Teaches You When to Quit (And When to Stick)*. New York: Penguin.

Goetz, Thomas, Anne C. Frenzel, Nathan C. Hall, Ulrike E. Nett, Reinhard Pekrun, and Anastasiya A. Lipnevich. 2014. "Types of boredom: An experience sampling approach." *Motivation and Emotion* 38, no. 3: 401–419.

Goldberg, Yael K. and James Danckert. 2013. "Traumatic brain injury, boredom and depression." *Behavioral Sciences* 3, no. 3: 434–444.

Goldberg, Yael K., John D. Eastwood, Jennifer LaGuardia, and James Danckert. "Boredom: An emotional experience distinct from apathy, anhedonia, or depression." 2011. *Journal of Social and Clinical Psychology* 30, no. 6: 647–666.

Gosselin, Frédéric, and Philippe G. Schyns. 2003. "Superstitious perceptions reveal properties of internal representations." *Psychological Science* 14, no. 5: 505–509.

Greenberg, Jeff, Sander Leon Koole, and Thomas A. Pyszczynski, eds. 2004. *Handbook of Experimental Existential Psychology*. New York: Guilford Press.

Greenson, Ralph R. 1953. "On boredom." *Journal of the American Psychoanalytic Association* 1, no. 1: 7–21.

Gross, Dominik, and Gereon Schäfer. 2011. "Egas Moniz (1874–1955) and the 'invention' of modern psychosurgery: A historical and ethical reanalysis under special consideration of Portuguese original sources." *Neurosurgical Focus* 30, no. 2: E8.

Hadfield, Chris. 2013. *An Astronaut's Guide to Life on Earth*. New York: Little, Brown.

Hafner, Katie, and Matthew Lyon. 1998. *Where wizards stay up late: The origins of the Internet*. Simon and Schuster, 1998.

Hallard, Robert Ian. 2014. "Mindfulness meditation practice can make concentration feel a little easier." *Cumbria Partnership Journal of Research Practice and Learning* 4: 17–22.

Haller, Max, Markus Hadler, and Gerd Kaup. 2013. "Leisure time in modern societies: A new source of boredom and stress?" *Social Indicators Research* 111, no. 2: 403–434.

Hamilton, Jean A. 1981. "Attention, personality, and the self-regulation of mood: Absorbing interest and boredom." *Progress in Experimental Personality Research* 10, no. 28: 281–315.

Hamilton, Jean A., Richard J. Haier, and Monte S. Buchsbaum. 1984. "Intrinsic enjoyment and boredom coping scales: Validation with personality, evoked potential and attention measures." *Personality and Individual Differences* 5, no. 2: 183–193.

Harden, K. Paige, and Elliot M. Tucker-Drob. 2011. "Individual differences in the development of sensation seeking and impulsivity during adolescence: Further evidence for a dual systems model." *Developmental Psychology* 47, no. 3: 739–746.

Harris, Mary B. 2000. "Correlates and characteristics of boredom proneness and boredom 1." *Journal of Applied Social Psychology* 30, no. 3: 576–598.

Havermans, Remco C., Linda Vancleef, Antonis Kalamatianos, and Chantal Nederkoorn. 2015. "Eating and inflicting pain out of boredom." *Appetite* 85: 52–57.

Hayes, Steven C., Kirk Strosahl, Kelly G. Wilson, Richard T. Bissett, Jacqueline Pistorello, Dosheen Toarmino, Melissa A. Polusny, et al. 2004. "Measuring experiential avoidance: A preliminary test of a working model." *Psychological Record* 54, no. 4: 553–578.

Healy, Sean Desmond. 1984. *Boredom, Self, and Culture*. Rutherford, NJ: Fairleigh Dickinson University Press.

Hebb, Donald O. 1980. "Donald O. Hebb." In *A History of Psychology in Autobiography,* vol. 7, ed. Gardner Lindzey, 273–303 (San Francisco: W. H. Freeman).

Heinrich, Joseph, Steven J. Heine, and Ara Norenzayan. 2010. "The weirdest people in the world." *Behavioral and Brain Sciences* 33, no. 2–3: 61–83.

Heron, Woodburn. 1957. "The pathology of boredom." *Scientific American* 196: 52–57.

Hesse, Hermann. 1951. *Siddhartha.* Trans. Hilda Rosner. New York: New Directions.

Hidi, Suzanne. 1990. "Interest and its contribution as a mental resource for learning." *Review of Educational Research* 60, no. 4: 549–571.

Hing, Nerilee, and Helen Breen. 2001. "Profiling lady luck: An empirical study of gambling and problem gambling amongst female club members." *Journal of Gambling Studies* 17, no. 1: 47–69.

Hitchcock, Edward M., William N. Dember, Joel S. Warm, Brian W. Moroney, and Judi E. See. 1999. "Effects of cueing and knowledge of results on workload and boredom in sustained attention." *Human Factors* 41, no. 3: 365–372.

Homer. 1962 / 1990. *The Odyssey.* Trans. Robert Fitzgerald. New York: Knopf Doubleday.

Honoré, Carl. 2004. *In Praise of Slowness: How a Worldwide Movement Is Challenging the Cult of Speed.* San Francisco: HarperSanFrancisco.

Hopley, Anthony A. B., Kevin Dempsey, and Richard Nicki. 2012. "Texas Hold'em online poker: A further examination." *International Journal of Mental Health and Addiction* 10, no. 4: 563–572.

Hopley, Anthony A. B., and Richard M. Nicki. 2010. "Predictive factors of excessive online poker playing." *Cyberpsychology, Behavior, and Social Networking* 13, no. 4: 379–385.

Hunt, Laurence T., and Benjamin Y. Hayden. 2017. "A distributed, hierarchical and recurrent framework for reward-based choice." *Nature Reviews Neuroscience* 18, no. 3: 172–182.

Hunter, Andrew G., and John D. Eastwood. 2018. "Does state boredom cause failures of attention? Examining the relations between trait boredom, state boredom, and sustained attention." *Experimental Brain Research* 236, no. 9: 2483–2492.

Hunter, Andrew G., and John D. Eastwood. 2019. "Idle hands, listless minds: Unpacking the dynamics of boredom and attention." Paper presented at the 29th meeting of the Canadian Society for Brain, Behaviour and Cognitive Science, Waterloo, ON, June.

Hunter, Jennifer A., E. H. Abraham, A. G. Hunter, L. C. Goldberg, and J. D. Eastwood. 2016. "Personality and Boredom Proneness in the Prediction of Creativity and Curiosity." *Thinking Skills and Creativity* 22: 48–57.

Hurley, Matthew M., Daniel C. Dennett, and Reginald B. Adams Jr. 2011. *Inside Jokes: Using Humor to Reverse-Engineer the Mind.* Cambridge, MA: MIT Press.

Ice, Gillian Harper. 2002. "Daily life in a nursing home: Has it changed in 25 years?" *Journal of Aging Studies* 16, no. 4: 345–359.

Inman, Alice, Kenneth L. Kirsh, and Steven D. Passik. 2003. "A pilot study to examine the relationship between boredom and spirituality in cancer patients." *Palliative and Supportive Care* 1, no. 2: 143–151.

Inzlicht, Michael, and Lisa Legault. 2014. "No pain, no gain: How distress underlies effective self-control (and unites diverse social psychological phenomena)." In *Motivation and Its Regulation: The Control Within,* ed. Joseph P. Forgas and Eddie Harmon-Jones, 115–132. New York: Psychology Press.

Isacescu, Julia, and James Danckert. 2018. "Exploring the relationship between boredom proneness and self-control in traumatic brain injury (TBI)." *Experimental Brain Research* 236, no. 9: 2493–2505.

Isacescu, Julia, Andriy A. Struk, and James Danckert. 2017. "Cognitive and affective predictors of boredom proneness." *Cognition and Emotion* 31, no. 8: 1741–1748.

Iso-Ahola, Seppo E., and Edward D. Crowley. 1991. "Adolescent substance abuse and leisure boredom." *Journal of Leisure Research* 23, no. 3: 260–271.

James, William. 1900. *On Some of Life's Ideals*. New York: H. Holt.

Jiang, Yang, Joann Lianekhammy, Adam Lawson, Chunyan Guo, Donald Lynam, Jane E. Joseph, Brian T. Gold, and Thomas H. Kelly. 2009. "Brain responses to repeated visual experience among low and high sensation seekers: Role of boredom susceptibility." *Psychiatry Research: Neuroimaging* 173, no. 2: 100–106.

Joireman, Jeff, Jonathan Anderson, and Alan Strathman. 2003. "The aggression paradox: Understanding links among aggression, sensation seeking, and the consideration of future consequences." *Journal of Personality and Social Psychology* 84, no. 6: 1287–1302.

Kahneman, Daniel. 1973. *Attention and Effort*. Englewood Cliffs, NJ: Prentice-Hall.

Kangas, David. 2008. "Kierkegaard." In *The Oxford Handbook of Religion and Emotion,* ed. John Corrigan. New York: Oxford University Press.

Kashdan, Todd B., Paul Rose, and Frank D. Fincham. 2004. "Curiosity and exploration: Facilitating positive subjective experiences and personal growth opportunities." *Journal of Personality Assessment* 82, no. 3: 291–305.

Kass, Steven J., and Stephen J. Vodanovich. 1990. "Boredom proneness: Its relationship to Type A behavior pattern and sensation seeking." *Psychology: A Journal of Human Behavior*: 7–16.

Kass, Steven J., Stephen J. Vodanovich, Claudia J. Stanny, and Tiffany M. Taylor. 2001. "Watching the clock: Boredom and vigilance performance." *Perceptual and Motor Skills* 92, no. 3 suppl.: 969–976.

Kass, Steven J., J. Craig Wallace, and Stephen J. Vodanovich. 2003. "Boredom proneness and sleep disorders as predictors of adult attention deficit scores." *Journal of Attention Disorders* 7, no. 2: 83–91.

Kenah, Katrina, Julie Bernhardt, Toby Cumming, Neil Spratt, Julie Luker, and Heidi Janssen. 2018. "Boredom in patients with acquired brain injuries during inpatient rehabilitation: A scoping review." *Disability and Rehabilitation* 40, no. 22: 2713–2722.

Kierkegaard, Søren. 1992. *Either / Or: A Fragment of Life*. Ed. Victor Eremita, abridged and trans. Alastair Hannay. London: Penguin.

Klapp, Orrin Edgar. 1986. *Overload and Boredom: Essays on the Quality of Life in the Information Society*. New York: Greenwood Press.

Koball, Afton M., Molly R. Meers, Amy Storfer-Isser, Sarah E. Domoff, and Dara R. Musher-Eizenman. 2012. "Eating when bored: Revision of the Emotional Eating Scale with a focus on boredom." *Health Psychology* 31, no. 4: 521.

Korzenny, Felipe, and Kimberly Neuendorf. 1980. "Television viewing and self-concept of the elderly." *Journal of Communication* 30, no. 1: 71–80.

Koval, Samuel R., and McWelling Todman. 2015. "Induced boredom constrains mindfulness: An online demonstration." *Psychology and Cognitive Science—Open Journal* 1, no. 1: 1–9.

Kracauer, Siegfried. 1995. *The Mass Ornament: Weimar Essays*. Ed. and trans. Thomas Y. Levin. Cambridge, MA: Harvard University Press.

Kreutzer, Jeffrey S., Ronald T. Seel, and Eugene Gourley. 2001. "The prevalence and symptom rates of depression after traumatic brain injury: a comprehensive examination." *Brain Injury* 15, no. 7: 563–576.

Krotava, Iryna, and McWelling Todman. 2014. "Boredom severity, depression and alcohol consumption in Belarus." *Journal of Psychology and Behavioral Science* 2, no. 1: 73–83.

Kruglanski, Arie W., Erik P. Thompson, E. Tory Higgins, Nadir Atash, Antonia Pierro, James Y. Shah, and Scott Spiegel. 2000. "To 'do the right thing' or to 'just do it': Locomotion and assessment as distinct self-regulatory imperatives." *Journal of Personality and Social Psychology* 79: 793–815.

Kuhl, Julius. 1994. "Action versus state orientation: Psychometric properties of the Action Control Scale (ACS-90)." *Volition and Personality: Action versus State Orientation* 47: 47–59.

Kuhl, Julius. 1981. "Motivational and functional helplessness: The moderating effect of state versus action orientation." *Journal of Personality and Social Psychology* 40, no. 1: 155–170.

Kuhl, Julius. 1985. "Volitional mediators of cognition-behavior consistency: Self-regulatory processes and action versus state orientation." In *Action Control, from Cognition to Behavior*, ed. Julius Kuhl and Jürgen Beckmann, 101–128. Berlin: Springer.

Kuhn, Reinhard Clifford. 1976. *The Demon of Noontide: Ennui in Western Literature*. Princeton: Princeton University Press.

Kunzendorf, Robert G., and Franz Buker. 2008. "Does existential meaning require hope, or is interest enough?" *Imagination, Cognition and Personality* 27, no. 3: 233–243.

Kurzban, Robert, Angela Duckworth, Joseph W. Kable, and Justus Myers. 2013. "An opportunity cost model of subjective effort and task performance." *Behavioral and Brain Sciences* 36, no. 6: 661–679.

Kustermans, Jorg, and Erik Ringmar. 2011. "Modernity, boredom, and war: a suggestive essay." *Review of International Studies* 37, no. 4: 1775–1792.

Landon, P. Bruce, and Peter Suedfeld. 1969. "Information and meaningfulness needs in sensory deprivation." *Psychonomic Science* 17, no. 4: 248.

Larson, Reed W. 1990. "Emotions and the creative process; anxiety, boredom, and enjoyment as predictors of creative writing." *Imagination, Cognition and Personality* 9, no. 4: 275–292.

Larson, Reed W., and Maryse H. Richards. 1991. "Boredom in the middle school years: Blaming schools versus blaming students." *American Journal of Education* 99, no. 4: 418–443.

Lebedev, Valentin Vital'evich. 1988. *Diary of a Cosmonaut: 211 Days in Space*. Trans. Luba Diangar, ed. Daniel Puckett and C. W. Harrison. College Station, TX: PhytoResource Research, Inc., Information Service.

LeDoux, Joseph E., and Daniel S. Pine. 2016. "Using neuroscience to help understand fear and anxiety: a two-system framework." *American Journal of Psychiatry* 173: 1083–1093.

Lee, Christine M., Clayton Neighbors, and Briana A. Woods. 2007. "Marijuana motives: Young adults' reasons for using marijuana." *Addictive Behaviors* 32, no. 7: 1384–1394.

Lehr, Evangeline, and McWelling Todman. 2009. "Boredom and boredom proneness in children: Implications for academic and social adjustment." *Self-Regulation and Social Competence: Psychological Studies in Identity, Achievement and Work-Family Dynamics*, ed. M. Todman, 75–90. Athens: ATNIER Press.

Leon, Gloria R., and Karen Chamberlain. 1973. "Emotional arousal, eating patterns, and body image as differential factors associated with varying success in maintaining a weight loss." *Journal of Consulting and Clinical Psychology* 40, no. 3: 474–480.

Leong, Frederick T. L., and Gregory R. Schneller. 1993. "Boredom proneness: Temperamental and cognitive components." *Personality and Individual Differences* 14, no. 1: 233–239.

LePera, Nicole. 2011. "Relationships between boredom proneness, mindfulness, anxiety, depression, and substance use." *New School Psychology Bulletin* 8, no. 2: 15–25.

Lewinsky, Hilde. 1943. "Boredom." *British Journal of Educational Psychology* 13, no. 3: 147–152.

Lewis, Kerrie P. 2000. "A comparative study of primate play behaviour: Implications for the study of cognition." *Folia Primatologica* 71, no. 6: 417–421.

Lipps, Theodor. 1906. *Leitfaden der Psychologie*. Leipzig: Wilhelm Engelmann.

Litman, Jordan A., and Charles D. Spielberger. 2003. "Measuring epistemic curiosity and its diversive and specific components." *Journal of Personality Assessment* 80, no. 1: 75–86.

Lowenstein, Otto, and Irene E. Loewenfeld. 1952. "Disintegration of central autonomic regulation during fatigue and its reintegration by psychosensory controlling mechanisms. I. Disintegration. Pupillographic studies." *Journal of Nervous and Mental Disease* 115: 121–145.

Lowenstein, Otto, and Irene E. Loewenfeld. 1951. "Types of central autonomic innervation and fatigue: Pupillographic studies." *AMA Archives of Neurology and Psychiatry* 66, no. 5: 580–599.

Luria, Aleksandr R. 1973. *The Working Brain: An Introduction to Neuropsychology*. Trans. Basil Haigh. New York: Basic Books.

MacDonald, Douglas A., and Daniel Holland. 2002. "Spirituality and boredom proneness." *Personality and Individual Differences* 32, no. 6: 1113–1119.

Mackworth, Norman H. 1948. "The breakdown of vigilance during prolonged visual search." *Quarterly Journal of Experimental Psychology* 1, no. 1: 6–21.
Maddi, Salvatore R. 1967. "The existential neurosis." *Journal of Abnormal Psychology* 72, no. 4: 311–325.
Maddi, Salvatore R. 1970. "The search for meaning." In *Nebraska Symposium on Motivation,* vol. 17, 134–183. Lincoln: University of Nebraska Press.
Malkovsky, Ela, Colleen Merrifield, Yael Goldberg, and James Danckert. 2012. "Exploring the relationship between boredom and sustained attention." *Experimental Brain Research* 221, no. 1: 59–67.
Mann, Sandi, and Rebekah Cadman. 2014. "Does being bored make us more creative?" *Creativity Research Journal* 26, no. 2: 165–173.
Marin, Robert S., and Patricia A. Wilkosz. 2005. "Disorders of diminished motivation." *Journal of Head Trauma Rehabilitation* 20, no. 4: 377–388.
Martin, Marion, Gaynor Sadlo, and Graham Stew. 2006. "The phenomenon of boredom." *Qualitative Research in Psychology* 3, no. 3: 193–211.
Marty-Dugas, Jeremy, and Daniel Smilek. 2019. "Deep, effortless concentration: Re-examining the flow concept and exploring relations with inattention, absorption, and personality." *Psychological Research* 83, no. 8: 1760–1777.
Mathiak, Krystyna Anna, Martin Klasen, Mikhail Zvyagintsev, René Weber, and Klaus Mathiak. 2013. "Neural networks underlying affective states in a multimodal virtual environment: contributions to boredom." *Frontiers in Human Neuroscience* 7: article 820.
Matthies, Swantje, Alexandra Philipsen, and Jennifer Svaldi. 2012. "Risky decision making in adults with ADHD." *Journal of Behavior Therapy and Experimental Psychiatry* 43, no. 3: 938–946.
McDonald, William. 2009. "Kierkegaard's Demonic Boredom." In *Essays on Boredom and Modernity,* ed. Barbara Dalle Pezze and Carlo Salzani, 61–85. Leiden, NL: Brill.
McIntosh, James, Fiona MacDonald, and Neil McKeganey. 2005. "The reasons why children in their pre and early teenage years do or do not use illegal drugs." *International Journal of Drug Policy* 16, no. 4: 254–261.
McIvor, Arthur J. 1987a. "Employers, the government, and industrial fatigue in Britain, 1890–1918." *Occupational and Environmental Medicine* 44, no. 11: 724–732.

McIvor, Arthur J. 1987b. "Manual work, technology, and industrial health, 1918–1939." *Medical History* 31, no. 2: 160–189.
McLeod, Carol R., and Stephen J. Vodanovich. 1991. "The relationship between self-actualization and boredom proneness." *Journal of Social Behavior and Personality* 6, no. 5: 137–146.
McNeilly, Dennis P., and William J. Burke. 2000. "Late life gambling: The attitudes and behaviors of older adults." *Journal of Gambling Studies* 16, no. 4: 393–415.
Meagher, Rebecca K., Dana L. M. Campbell, and Georgia J. Mason. 2017. "Boredom-like states in mink and their behavioural correlates: A replicate study." *Applied Animal Behaviour Science* 197: 112–119.
Meagher, Rebecca K., and Georgia J. Mason. 2012. "Environmental enrichment reduces signs of boredom in caged mink." *PLoS One* 7, no. 11: e49180.
Medaglia, John Dominic, Fabio Pasqualetti, Roy H. Hamilton, Sharon L. Thompson-Schill, and Danielle S. Bassett. 2017. "Brain and cognitive reserve: Translation via network control theory." *Neuroscience and Biobehavioral Reviews* 75: 53–64.
Mega, Michael S., and Robert C. Cohenour. 1997. "Akinetic mutism: Disconnection of frontal-subcortical circuits." *Neuropsychiatry, Neuropsychology, and Behavioral Neurology* 10: 254–259.
Melton, Amanda M. A., and Stefan E. Schulenberg. 2009. "A confirmatory factor analysis of the boredom proneness scale." *Journal of Psychology* 143, no. 5: 493–508.
Melton, Amanda M. A., and Stefan E. Schulenberg. 2007. "On the relationship between meaning in life and boredom proneness: Examining a logotherapy postulate." *Psychological Reports* 101, no. 3, suppl.: 1016–1022.
Mercer, Kimberley B., and John D. Eastwood. 2010. "Is boredom associated with problem gambling behaviour? It depends on what you mean by 'boredom.'" *International Gambling Studies* 10, no. 1: 91–104.
Mercer-Lynn, Kimberley B., Rachel J. Bar, and John D. Eastwood. 2014. "Causes of boredom: The person, the situation, or both?" *Personality and Individual Differences* 56: 122–126.
Mercer-Lynn, Kimberley B., David B. Flora, Shelley A. Fahlman, and John D. Eastwood. 2013a. "The measurement of boredom: Differences between existing self-report scales." *Assessment* 20, no. 5: 585–596.
Mercer-Lynn, Kimberley B., Jennifer A. Hunter, and John D. Eastwood. 2013b. "Is trait boredom redundant?" *Journal of Social and Clinical Psychology* 32, no. 8: 897–916.

Merrifield, Colleen, and James Danckert. 2014. "Characterizing the psychophysiological signature of boredom." *Experimental Brain Research* 232, no. 2: 481–491.

Miller, Jacqueline A., Linda L. Caldwell, Elizabeth H. Weybright, Edward A. Smith, Tania Vergnani, and Lisa Wegner. 2014. "Was Bob Seger right? Relation between boredom in leisure and [risky] sex." *Leisure Sciences* 36, no. 1: 52–67.

Miyake, Akira, Naomi P. Friedman, Michael J. Emerson, Alexander H. Witzki, Amy Howerter, and Tor D. Wager. 2000. "The unity and diversity of executive functions and their contributions to complex 'frontal lobe' tasks: A latent variable analysis." *Cognitive Psychology* 41, no. 1: 49–100.

Morita, Emi, S. Fukuda, Jun Nagano, N. Hamajima, H. Yamamoto, Y. Iwai, T. Nakashima, H. Ohira, and T. J. P. H. Shirakawa. 2007. "Psychological effects of forest environments on healthy adults: Shinrin-yoku (forest-air bathing, walking) as a possible method of stress reduction." *Public Health* 121, no. 1: 54–63.

Moynihan, Andrew B., Eric R. Igou, and Wijnand A. P. van Tilburg. 2017. "Boredom increases impulsiveness." *Social Psychology* 48, no. 5: 293–309.

Moynihan, Andrew B., Wijnand A. P. van Tilburg, Eric R. Igou, Arnaud Wisman, Alan E. Donnelly, and Jessie B. Mulcaire. 2015. "Eaten up by boredom: Consuming food to escape awareness of the bored self." *Frontiers in Psychology* 6: article 369.

Mugon, Jhotisha, Andriy Struk, and James Danckert. 2018. "A failure to launch: Regulatory modes and boredom proneness." *Frontiers in Psychology* 9: article 1126.

Münsterberg, Hugo. 1913. *Psychology and Industrial Efficiency*. Boston: Mifflin.

"National Survey of American Attitudes on Substance Abuse VIII: Teens and Parents." 2003. National Center on Addiction and Substance Abuse, Columbia University, August.

Nault, Jean-Charles. 2015. *The Noonday Devil: Acedia, the Unnamed Evil of Our Times*. San Francisco: Ignatius Press.

Nederkoorn, Chantal, Linda Vancleef, Alexandra Wilkenhöner, Laurence Claes, and Remco C. Havermans. 2016. "Self-inflicted pain out of boredom." *Psychiatry Research* 237: 127–132.

Németh, G. 1988. "Some theoretical and practical aspects of the disturbances of consciousness with special reference to akinetic mutism." *Functional Neurology* 3, no. 1: 9–28.

Nett, Ulrike E., Thomas Goetz, and Lia M. Daniels. 2010. "What to do when feeling bored? Students' strategies for coping with boredom." *Learning and Individual Differences* 20, no. 6: 626–638.
Nett, Ulrike E., Thomas Goetz, and Nathan C. Hall. 2011. "Coping with boredom in school: An experience sampling perspective." *Contemporary Educational Psychology* 36, no. 1: 49–59.
Newell, Susan E., Priscilla Harries, and Susan Ayers. 2012. "Boredom proneness in a psychiatric inpatient population." *International Journal of Social Psychiatry* 58, no. 5: 488–495.
Ng, Andy H., Yong Liu, Jian-zhi Chen, and John D. Eastwood. 2015. "Culture and state boredom: A comparison between European Canadians and Chinese." *Personality and Individual Differences* 75: 13–18.
Nichols, Laura A., and Richard Nicki. 2004. "Development of a psychometrically sound internet addiction scale: A preliminary step." *Psychology of Addictive Behaviors* 18, no. 4: 381.
Nietzsche, Friedrich. 2006. *Human, All-Too-Human.* Trans. Helen Zimmern and Paul V. Cohn. Mineola, NY: Dover.
Northcraft, Gregory B., and Margaret A. Neale. 1986. "Opportunity costs and the framing of resource allocation decisions." *Organizational Behavior and Human Decision Processes* 37, no. 3: 348–356.
Nower, Lia, and Alex Blaszczynski. 2006. "Impulsivity and pathological gambling: A descriptive model." *International Gambling Studies* 6, no. 1: 61–75.
Nunoi, Masato, and Sakiko Yoshikawa. 2016. "Deep processing makes stimuli more preferable over long durations." *Journal of Cognitive Psychology* 28, no. 6: 756–763.
Oddy, Michael, Michael Humphrey, and David Uttley. 1978. "Subjective impairment and social recovery after closed head injury." *Journal of Neurology, Neurosurgery and Psychiatry* 41, no. 7: 611–616.
O'Hanlon, James F. 1981. "Boredom: Practical consequences and a theory." *Acta Psychologica* 49, no. 1: 53–82.
Orcutt, James D. 1984. "Contrasting effects of two kinds of boredom on alcohol use." *Journal of Drug Issues* 14, no. 1: 161–173.
Palinkas, Lawrence A. 2003. "The psychology of isolated and confined environments: Understanding human behavior in Antarctica." *American Psychologist* 58, no. 5: 353–363.
Palinkas, Lawrence A., Eric Gunderson, Albert W. Holland, Christopher Miller, and Jeffrey C. Johnson. 2000. "Predictors of behavior and

performance in extreme environments: The Antarctic space analogue program." *Aviation, Space, and Environmental Medicine* 71: 619–625.
Paliwoda, Daniel. 2010. *Melville and the Theme of Boredom*. Jefferson, NC: McFarland.
Park, Bum Jin, Yuko Tsunetsugu, Tamami Kasetani, Takahide Kagawa, and Yoshifumi Miyazaki. 2010. "The physiological effects of Shinrin-yoku (taking in the forest atmosphere or forest bathing): Evidence from field experiments in 24 forests across Japan." *Environmental Health and Preventive Medicine* 15, no. 1: 18–26.
Passik, Steven D., Alice Inman, Kenneth Kirsh, Dale Theobald, and Pamela Dickerson. 2003. "Initial validation of a scale to measure purposelessness, understimulation, and boredom in cancer patients: Toward a redefinition of depression in advanced disease." *Palliative and Supportive Care* 1, no. 1: 41–50.
Patterson, Ian, Shane Pegg, and Roberta Dobson-Patterson. 2000. "Exploring the links between leisure boredom and alcohol use among youth in rural and urban areas of Australia." *Journal of Park and Recreation Administration* 18, no. 3: 53–75.
Pattyn, Nathalie, Xavier Neyt, David Henderickx, and Eric Soetens. 2008. "Psychophysiological investigation of vigilance decrement: boredom or cognitive fatigue?" *Physiology and Behavior* 93, nos. 1–2: 369–378.
Pekrun, Reinhard, Thomas Goetz, Lia M. Daniels, Robert H. Stupnisky, and Raymond P. Perry. 2010. "Boredom in achievement settings: Exploring control-value antecedents and performance outcomes of a neglected emotion." *Journal of Educational Psychology* 102, no. 3: 531–549.
Pekrun, Reinhard, Nathan C. Hall, Thomas Goetz, and Raymond P. Perry. 2014. "Boredom and academic achievement: Testing a model of reciprocal causation." *Journal of Educational Psychology* 106, no. 3: 696–710.
Pekrun, Reinhard, Elisabeth Vogl, Krista R. Muis, and Gale M. Sinatra. 2017. "Measuring emotions during epistemic activities: The Epistemically-Related Emotion Scales." *Cognition and Emotion* 31, no. 6: 1268–1276.
Pellis, Sergio, and Vivien Pellis. 2009. *The Playful Brain: Venturing to the Limits of Neuroscience*. Oxford: Oneworld.
Peretz, Isabelle, Lise Gagnon, and Bernard Bouchard. 1998. "Music and emotion: Perceptual determinants, immediacy, and isolation after brain damage." *Cognition* 68, no. 2: 111–141.

Petranker, Rotem. 2018. "Sitting with it: Examining the relationship between mindfulness, sustained attention, and boredom." M.A. thesis, York University.
Pettiford, Jasmine, Rachel V. Kozink, Avery M. Lutz, Scott H. Kollins, Jed E. Rose, and F. Joseph McClernon. 2007. "Increases in impulsivity following smoking abstinence are related to baseline nicotine intake and boredom susceptibility." *Addictive Behaviors* 32, no. 10: 2351–2357.
Phillips, Adam. 1994. *On Kissing, Tickling, and Being Bored: Psychoanalytic Essays on the Unexamined Life*. Cambridge, MA: Harvard University Press.
Piaget, Jean. 1999. *Judgment and Reasoning in the Child.* International Library of Psychology, Book 23, rpt. ed. New York: Routledge.
Piko, Bettina F., Thomas A. Wills, and Carmella Walker. 2007. "Motives for smoking and drinking: Country and gender differences in samples of Hungarian and US high school students." *Addictive Behaviors* 32, no. 10: 2087–2098.
Pitrat, Jacques. 2009. *Artificial Beings: The Conscience of a Conscious Machine.* Hoboken, NJ: John Wiley.
Potegal, Michael, and Dorothy Einon. 1989. "Aggressive behaviors in adult rats deprived of playfighting experience as juveniles." *Developmental Psychobiology* 22, no. 2: 159–172.
Pribram, Karl H., and Diane McGuinness. 1975. "Arousal, activation, and effort in the control of attention." *Psychological Review* 82, no. 2: 116–149.
Protheroe, S. M. 1991. "Congenital insensitivity to pain." *Journal of the Royal Society of Medicine* 84, no. 9: 558–559.
Quay, Herbert C. 1965. "Psychopathic personality as pathological stimulation-seeking." *American Journal of Psychiatry* 122, no. 2: 180–183.
Raffaelli, Quentin, Caitlin Mills, and Kalina Christoff. 2018. "The knowns and unknowns of boredom: A review of the literature." *Experimental Brain Research* 236, no. 9: 2451–2462.
Raposa, Michael L. 1999. *Boredom and the Religious Imagination*. Charlottesville: University Press of Virginia.
Raz, Mical. 2013. "Alone again: John Zubek and the troubled history of sensory deprivation research." *Journal of the History of the Behavioral Sciences* 49, no. 4: 379–395.
Reio, Thomas G., Jr., Joseph M. Petrosko, Albert K. Wiswell, and Juthamas Thongsukmag. 2006. "The measurement and conceptualization of curiosity." *Journal of Genetic Psychology* 167, no. 2: 117–135.

Reissman, Charlotte, Arthur Aron, and Merlynn R. Bergen. 1993. "Shared activities and marital satisfaction: Causal direction and self-expansion versus boredom." *Journal of Social and Personal Relationships* 10, no. 2: 243–254.

Renninger, K. Ann, and Suzanne Hidi. 2015. *The Power of Interest for Motivation and Engagement*. New York: Routledge.

Riem, Madelon M. E., Alexandra Voorthuis, Marian J. Bakermans-Kranenburg, and Marinus H. van Ijzendoorn. 2014. "Pity or peanuts? Oxytocin induces different neural responses to the same infant crying labeled as sick or bored." *Developmental Science* 17, no. 2: 248–256.

Risko, Evan F., and Sam J. Gilbert. 2016. "Cognitive offloading." *Trends in Cognitive Sciences* 20, no. 9: 676–688.

Rizvi, Sakina J., Diego A. Pizzagalli, Beth A. Sproule, and Sidney H. Kennedy. 2016. "Assessing anhedonia in depression: Potentials and pitfalls." *Neuroscience and Biobehavioral Reviews* 65: 21–35.

Romand, David. 2015. "Theodor Waitz's theory of feelings and the rise of affective sciences in the mid-19th century." *History of Psychology* 18, no. 4: 385–400.

Rupp, Deborah E., and Stephen J. Vodanovich. 1997. "The role of boredom proneness in self-reported anger and aggression." *Journal of Social Behavior and Personality* 12, no. 4: 925–936.

Russell, Bertrand. 2012. *The Conquest of Happiness*. Abingdon, UK: Routledge.

Russo, Mary F., Benjamin B. Lahey, Mary Anne G. Christ, Paul J. Frick, Keith McBurnett, Jason L. Walker, Rolf Loeber, Magda Stouthamer-Loeber, and Stephanie Green. 1991. "Preliminary development of a sensation seeking scale for children." *Personality and Individual Differences* 12, no. 5: 399–405.

Russo, Mary F., Garnett S. Stokes, Benjamin B. Lahey, Mary Anne G. Christ, Keith McBurnett, Rolf Loeber, Magda Stouthamer-Loeber, and Stephanie M. Green. 1993. "A sensation seeking scale for children: Further refinement and psychometric development." *Journal of Psychopathology and Behavioral Assessment* 15, no. 2: 69–86.

Ryan, Richard M., and Edward L. Deci. 2000. "Self-determination theory and the facilitation of intrinsic motivation, social development, and well-being." *American Psychologist* 55, no. 1: 68–78.

Sandal, Gro M., G. R. Leon, and Lawrence Palinkas. 2006. "Human challenges in polar and space environments." In *Life in Extreme*

Environments, ed. R. Amils, C. Ellis-Evans, and H. G. Hinghofer-Szalkay, 399–414. Dordrecht, NL: Springer.

Sansone, Carol, Charlene Weir, Lora Harpster, and Carolyn Morgan. 1992. "Once a boring task always a boring task? Interest as a self-regulatory mechanism." *Journal of Personality and Social Psychology* 63, no. 3: 379–390.

Sawin, David A., and Mark W. Scerbo. 1995. "Effects of instruction type and boredom proneness in vigilance: Implications for boredom and workload." *Human Factors* 37, no. 4: 752–765.

Scerbo, Mark W. 1998. "What's so boring about vigilance?" In *Viewing Psychology as a Whole: The Integrative Science of William N. Dember,* ed. R. R. Hoffman, M. F. Sherrick, and J. S. Warm, 145–166. Washington, DC: American Psychological Association.

Scherer, Klaus R. 1997. "College life on-line: Healthy and unhealthy Internet use." *Journal of College Student Development* 38: 655–665.

Scherer, Klaus R. 2005. "What are emotions? And how can they be measured?" *Social Science Information* 44, no. 4: 695–729.

Schopenhauer, Arthur. 1995. *The World as Will and Idea*, ed. David Berman, trans. J. Berman. London: Everyman.

Schwarz, Norbert. 2018. "Of fluency, beauty, and truth." In *Metacognitive Diversity: An Interdisciplinary Approach*, ed. Joelle Proust and Martin Fortier, 25–46. Oxford: Oxford University Press.

Scuteri, Angelo, Luigi Palmieri, Cinzia Lo Noce, and Simona Giampaoli. 2005. "Age-related changes in cognitive domains: A population-based study." *Aging Clinical and Experimental Research* 17, no. 5: 367–373.

Seel, Ronald T., and Jeffrey S. Kreutzer. 2003. "Depression assessment after traumatic brain injury: An empirically based classification method." *Archives of Physical Medicine and Rehabilitation* 84, no. 11: 1621–1628.

Seib, Hope M., and Stephen J. Vodanovich. 1998. "Cognitive correlates of boredom proneness: The role of private self-consciousness and absorption." *Journal of Psychology* 132, no. 6: 642–652.

Sharp, Erin Hiley, and Linda L. Caldwell. 2005. "Understanding adolescent boredom in leisure: A longitudinal analysis of the roles of parents and motivation." In *Eleventh Canadian Congress on Leisure Research, Malaspina University College Nanaimo, British Columbia.*

Sharp, Erin Hiley, Donna L. Coffman, Linda L. Caldwell, Edward A. Smith, Lisa Wegner, Tania Vergnani, and Catherine Mathews. 2011. "Predicting substance use behavior among South African adolescents:

The role of leisure experiences across time." *International Journal of Behavioral Development* 35, no. 4: 343–351.

Sharpe, Lynda. 2011. "So you think you know why animals play. . . " *Scientific American* guest blog, May 17.

Shiota, Michelle N., Dacher Keltner, and Amanda Mossman. 2007. "The nature of awe: Elicitors, appraisals, and effects on self-concept." *Cognition and Emotion* 21, no. 5: 944–963.

Shoalts, Adam. 2017. *A History of Canada in Ten Maps.* Toronto: Allen Lane.

Shuman-Paretsky, Melissa, Vance Zemon, Frederick W. Foley, and Roee Holtzer. 2017. "Development and validation of the State-Trait Inventory of Cognitive Fatigue in community-dwelling older adults." *Archives of Physical Medicine and Rehabilitation* 98, no. 4: 766–773.

Simmel, Georg. 2012. "The Metropolis and Mental Life." In *The Urban Sociology Reader,* ed. Jan Lin and Christopher Mele, 23–31. New York: Routledge.

Sirigu, Angela, and Jean-René Duhamel. 2016. "Reward and decision processes in the brains of humans and nonhuman primates." *Dialogues in Clinical Neuroscience* 18, nos. 1: 45–53.

Smith, Adam. 1976. *An Inquiry into the Nature and Causes of the Wealth of Nations,* 2 vols. Ed. Edwin Cannan. London, 1776; Chicago: University of Chicago Press.

Smith, Edward A., and Linda L. Caldwell. 1989. "The perceived quality of leisure experiences among smoking and nonsmoking adolescents." *Journal of Early Adolescence* 9, nos. 1–2: 153–162.

Smith, Peter Scharff. 2006. "The effects of solitary confinement on prison inmates: A brief history and review of the literature." *Crime and Justice* 34, no. 1: 441–528.

Smith, Richard P. 1981. "Boredom: A review." *Human Factors* 23, no. 3: 329–340.

Solomon, Andrew. 2001. *The Noonday Demon: An Atlas of Depression.* New York: Scribner.

Spacks, Patricia Meyer. 1995. *Boredom: The Literary History of a State of Mind.* Chicago: University of Chicago Press.

Spaeth, Michael, Karina Weichold, and Rainer K. Silbereisen. 2015. "The development of leisure boredom in early adolescence: Predictors and longitudinal associations with delinquency and depression." *Developmental Psychology* 51, no. 10: 1380–1394.

Stanovich, Keith. 2011. *Rationality and the Reflective Mind*. New York: Oxford University Press.

Steele, Rachel, Paul Henderson, Frances Lennon, and Donna Swinden. 2013. "Boredom among psychiatric in-patients: Does it matter?" *Advances in Psychiatric Treatment* 19, no. 4: 259–267.

Steinberg, Laurence. 2005. "Cognitive and affective development in adolescence." *Trends in Cognitive Sciences* 9, no. 2: 69–74.

Stevenson, M. F. 1983. "The captive environment: Its effect on exploratory and related behavioural responses in wild animals." In *Exploration in Animals and Humans,* ed. John Archer and Lynda I. A. Birke, 176–197. Wokingham, UK: Van Nostrand Reinhold.

Stickney, Marcella I., Raymond G. Miltenberger, and Gretchen Wolff. 1999. "A descriptive analysis of factors contributing to binge eating." *Journal of Behavior Therapy and Experimental Psychiatry* 30, no. 3: 177–189.

Struk, Andriy, A. Scholer, and J. Danckert. 2015. "Perceived control predicts engagement and diminished boredom." Presentation at the Canadian Society for Brain, Behaviour and Cognitive Science.

Struk, Andriy A., Jonathan S. A. Carriere, J. Allan Cheyne, and James Danckert. 2017. "A short Boredom Proneness Scale: Development and psychometric properties." *Assessment* 24, no. 3: 346–359.

Struk, Andriy A., Abigail A. Scholer, and James Danckert. 2016. "A self-regulatory approach to understanding boredom proneness." *Cognition and Emotion* 30, no. 8: 1388–1401.

Sulea, Coralia, Ilona Van Beek, Paul Sarbescu, Delia Virga, and Wilmar B. Schaufeli. 2015. "Engagement, boredom, and burnout among students: Basic need satisfaction matters more than personality traits." *Learning and Individual Differences* 42: 132–138.

Svendsen, Lars. 2005. *A Philosophy of Boredom*. London: Reaktion Books.

Tabatabaie, Ashkan Fakhr, Mohammad Reza Azadehfar, Negin Mirian, Maryam Noroozian, Ahmad Yoonessi, Mohammad Reza Saebipour, and Ali Yoonessi. 2014. "Neural correlates of boredom in music perception." *Basic and Clinical Neuroscience* 5, no. 4: 259–266.

Taylor, Christopher A., Jeneita M. Bell, Matthew J. Breiding, and Likang Xu. "Traumatic brain injury–related emergency department visits, hospitalizations, and deaths—United States, 2007 and 2013." *MMWR Surveillance Summaries* 66, no. 9 (2017): 1–16. DOI: http://dx.doi.org/10.15585/mmwr.ss6609a1.

Teo, Thomas. 2007. "Local institutionalization, discontinuity, and German textbooks of psychology, 1816–1854." *Journal of the History of the Behavioral Sciences* 43, no. 2: 135–157.
Thackray, Richard I., J. Powell Bailey, and R. Mark Touchstone. 1977. "Physiological, subjective, and performance correlates of reported boredom and monotony while performing a simulated radar control task." In *Vigilance: Theory, Operational Performance, and Physiological Correlates*, ed. Robert R. Mackie, 203–215. Boston: Springer.
Theobold, Dale E., Kenneth L. Kirsh, Elizabeth Holtsclaw, Kathleen Donaghy, and Steven D. Passik. 2003. "An open label pilot study of citalopram for depression and boredom in ambulatory cancer patients." *Palliative and Supportive Care* 1, no. 1: 71–77.
Thiele, Leslie Paul. 1997. "Postmodernity and the routinization of novelty: Heidegger on boredom and technology." *Polity* 29, no. 4: 489–517.
Todman, McWelling. 2003. "Boredom and psychotic disorders: Cognitive and motivational issues." *Psychiatry: Interpersonal and Biological Processes* 66, no. 2: 146–167.
Todman, McWelling. 2013. "The dimensions of state boredom: Frequency, duration, unpleasantness, consequences and causal attributions." *Dimensions* 1: 32–40.
Todman, McWelling, Daniel Sheypuk, Kristin Nelson, Jason Evans, Roger Goldberg, and Evangeline Lehr. 2008. "Boredom, hallucination-proneness and hypohedonia in schizophrenia and schizoaffective disorder." In *Schizoaffective Disorders: International Perspectives on Understanding, Intervention and Rehabilitation*, ed. Kam-Shing Yip. Hauppauge, NY: Nova Science Publishers.
Tolinski, Brad, and Alan Di Perna. 2016. *Play It Loud: An Epic History of the Style, Sound, and Revolution of the Electric Guitar*. New York: Anchor Doubleday.
Tolor, Alexander, and Marlene C. Siegel. 1989. "Boredom proneness and political activism." *Psychological Reports* 65, no. 1: 235–240.
Tolstoy, Leo. 1899. *Anna Karénina*. Trans. Nathan Haskell Dole. New York: Thomas Y. Crowell.
Toohey, Peter. 2011. *Boredom: A Lively History*. New Haven, CT: Yale University Press.
Trevorrow, Karen, and Susan Moore. 1998. "The association between loneliness, social isolation and women's electronic gaming machine gambling." *Journal of Gambling Studies* 14, no. 3: 263–284.

Tromholt, Morten. 2016. "The Facebook experiment: Quitting Facebook leads to higher levels of well-being." *Cyberpsychology, Behavior, and Social Networking* 19, no. 11: 661–666.

Tunariu, Aneta D., and Paula Reavey. 2007. "Common patterns of sense making: A discursive reading of quantitative and interpretative data on sexual boredom." *British Journal of Social Psychology* 46, no. 4: 815–837.

Turing, Alan M. 1950. "Computing machinery and intelligence." *Mind: A Quarterly Review of Psychology and Philosophy* 59: 433–460.

Turner, Nigel E., Masood Zangeneh, and Nina Littman-Sharp. 2006. "The experience of gambling and its role in problem gambling." *International Gambling Studies* 6, no. 2: 237–266.

Twenge, Jean M. 2017. *iGen: Why Today's Super-Connected Kids Are Growing Up Less Rebellious, More Tolerant, Less Happy—and Completely Unprepared for Adulthood—and What That Means for the Rest of Us.* New York: Simon and Schuster.

Tze, Virginia M. C., Robert M. Klassen, and Lia M. Daniels. 2014. "Patterns of boredom and its relationship with perceived autonomy support and engagement." *Contemporary Educational Psychology* 39, no. 3: 175–187.

Uddin, Lucina Q. 2015. "Salience processing and insular cortical function and dysfunction." *Nature Reviews Neuroscience* 16, no. 1: 55–61.

Ulrich, Martin, Johannes Keller, and Georg Grön. 2015. "Neural signatures of experimentally induced flow experiences identified in a typical fMRI block design with BOLD imaging." *Social Cognitive and Affective Neuroscience* 11, no. 3: 496–507.

Ulrich, Martin, Johannes Keller, Klaus Hoenig, Christiane Waller, and Georg Grön. 2014. "Neural correlates of experimentally induced flow experiences." *Neuroimage* 86 (2014): 194–202.

Valenzuela, Michael J., and Perminder Sachdev. 2006. "Brain reserve and cognitive decline: A non-parametric systematic review." *Psychological Medicine* 36, no. 8: 1065–1073.

Van den Bergh, Omer, and Scott R. Vrana. 1998. "Repetition and boredom in a perceptual fluency / attributional model of affective judgements." *Cognition and Emotion* 12, no. 4: 533–553.

van Tilburg, Wijnand A. P., and Eric R. Igou. 2017. "Boredom begs to differ: Differentiation from other negative emotions." *Emotion* 17, no. 2: 309–322.

van Tilburg, Wijnand A. P., and Eric R. Igou. 2016. "Going to political extremes in response to boredom." *European Journal of Social Psychology* 46, no. 6: 687–699.
van Tilburg, Wijnand A. P., and Eric R. Igou. 2012. "On boredom: Lack of challenge and meaning as distinct boredom experiences." *Motivation and Emotion* 36, no. 2: 181–194.
van Tilburg, Wijnand A. P., and Eric R. Igou. 2011. "On boredom and social identity: A pragmatic meaning-regulation approach." *Personality and Social Psychology Bulletin* 37, no. 12: 1679–1691.
van Tilburg, Wijnand A. P., Eric R. Igou, and Constantine Sedikides. 2013. "In search of meaningfulness: Nostalgia as an antidote to boredom." *Emotion* 13, no. 3: 450–461.
Vodanovich, Stephen J. 2003. "Psychometric measures of boredom: A review of the literature." *Journal of Psychology* 137, no. 6: 569–595.
Vodanovich, Stephen J., and Deborah E. Rupp. 1999. "Are procrastinators prone to boredom?" *Social Behavior and Personality* 27, no. 1: 11–16.
Vodanovich, Stephen J., Kathryn M. Verner, and Thomas V. Gilbride. 1991. "Boredom proneness: Its relationship to positive and negative affect." *Psychological Reports* 69, no. 3, suppl.: 1139–1146.
Vodanovich, Stephen J., J. Craig Wallace, and Steven J. Kass. 2005. "A confirmatory approach to the factor structure of the Boredom Proneness Scale: Evidence for a two-factor short form." *Journal of Personality Assessment* 85, no. 3: 295–303.
Vodanovich, Stephen J., and John D. Watt. 2016. "Self-report measures of boredom: An updated review of the literature." *Journal of Psychology* 150, no. 2: 196–228.
Waitz, Theodore. 1849. *Lehrbuch der Psychologie als Naturwissenschaft* [Textbook of psychology as a natural science]. Braunschweig, Germany: Vieweg.
Walfish, Steven, and Tuesdai A. Brown. 2009. "Self-assessed emotional factors contributing to increased weight in presurgical male bariatric patients." *Bariatric Nursing and Surgical Patient Care* 4, no. 1: 49–52.
Wallace, David Foster. 2011. *The Pale King: An Unfinished Novel.* New York: Little, Brown.
Wallace, J. Craig, Steven J. Kass, and Claudia J. Stanny. 2002. "The cognitive failures questionnaire revisited: Dimensions and correlates." *Journal of General Psychology* 129, no. 3: 238–256.
Wallace, J. Craig, Stephen J. Vodanovich, and Becca M. Restino. 2003. "Predicting cognitive failures from boredom proneness and daytime

sleepiness scores: An investigation within military and undergraduate samples." *Personality and Individual Differences* 34, no. 4: 635–644.
Wangh, Martin. 1975. "Boredom in psychoanalytic perspective." *Social Research* 42: 538–550.
Wangh, Martin. 1979. "Some psychoanalytic observations on boredom." *International Journal of Psycho-Analysis* 60: 515–526.
Wardley, Kenneth Jason. 2012. "'A weariness of the flesh': Towards a theology of boredom and fatigue." In *Intensities: Philosophy, Religion and the Affirmation of Life*, ed. Katharine Sarah Moody and Steven Shakespeare, 117–136. Burlington, VT: Ashgate.
Warhol, Andy, and Pat Hackett. 1988. *Andy Warhol's Party Book*. New York: Crown.
Warriner, Amy Beth, and Karin R. Humphreys. 2008. "Learning to fail: Reoccurring tip-of-the-tongue states." *Quarterly Journal of Experimental Psychology* 61, no. 4: 535–542.
Watt, John D. 1991. "Effect of boredom proneness on time perception." *Psychological Reports* 69, no. 1: 323–327.
Watt, John D., and Jackie E. Ewing. 1996. "Toward the development and validation of a measure of sexual boredom." *Journal of Sex Research* 33, no. 1: 57–66.
Watt, John D., and Stephen J. Vodanovich. 1992. "Relationship between boredom proneness and impulsivity." *Psychological Reports* 70, no. 3: 688–690.
Wegner, Lisa. 2011. "Through the lens of a peer: Understanding leisure boredom and risk behaviour in adolescence." *South African Journal of Occupational Therapy* 41, no. 1: 19–23.
Wegner, Lisa, and Alan J. Flisher. 2009. "Leisure boredom and adolescent risk behaviour: A systematic literature review." *Journal of Child and Adolescent Mental Health* 21, no. 1: 1–28.
Weinberg, Warren A., and Roger A. Brumback. 1990. "Primary disorder of vigilance: A novel explanation of inattentiveness, daydreaming, boredom, restlessness, and sleepiness." *Journal of Pediatrics* 116, no. 5: 720–725.
Weinstein, Lawrence, Xiaolin Xie, and Charalambos C. Cleanthous. 1995. "Purpose in life, boredom, and volunteerism in a group of retirees." *Psychological Reports* 76, no. 2: 482.
Weissinger, Ellen. 1995. "Effects of boredom on self-reported health." *Loisir et societé / Society and Leisure* 18, no. 1: 21–32.

Weissinger, Ellen, Linda L. Caldwell, and Deborah L. Bandalos. 1992. "Relation between intrinsic motivation and boredom in leisure time." *Leisure Sciences* 14, no. 4: 317–325.

Wemelsfelder, Françoise. 1985. "Animal boredom: Is a scientific study of the subjective experiences of animals possible?" In *Advances in Animal Welfare Science 1984/1985*, ed. M. W. Fox and L. D. Mickley, 115–154. Dordrecht: Martinus Nijhoff/Kluwer.

Wemelsfelder, Françoise. 2005. "Animal boredom: Understanding the tedium of confined lives." In *Mental Health and Well-Being in Animals*, ed. F. D. McMillan, 77–91. Oxford: Blackwell.

Wemelsfelder, Françoise. 1990. "Boredom and laboratory animal welfare." In *The Experimental Animal and Biomedical Research*, ed. Bernard Rollin, 243–272. Boca Raton: CRC Press.

Wemelsfelder, Françoise. 1993. "The concept of animal boredom and its relationship to stereotyped behaviour." In *Stereotypic Behavior: Fundamentals and Applications to Animal Welfare*, ed. A. B. Lawrence and J. Rushen, 95–96. Tucson, AZ: CAB International.

Westgate, Erin C., and Timothy D. Wilson. 2018 "Boring thoughts and bored minds: The MAC model of boredom and cognitive engagement." *Psychological Review* 125, no. 5: 689–713.

Weybright, Elizabeth H., Linda L. Caldwell, Nilam Ram, Edward A. Smith, and Lisa Wegner. 2015. "Boredom prone or nothing to do? Distinguishing between state and trait leisure boredom and its association with substance use in South African adolescents." *Leisure Sciences* 37, no. 4: 311–331.

White, A. 1998. "Ho hum: A phenomenology of boredom." *Journal of the Society for Existential Analysis* 9: 69–81.

White, Robert W. 1959. "Motivation reconsidered: The concept of competence." *Psychological Review* 66, no. 5: 297–333.

Whiting, Anita, and David Williams. 2013. "Why people use social media: A uses and gratifications approach." *Qualitative Market Research: An International Journal* 16, no. 4: 362–369.

Willging, Cathleen E., Gilbert A. Quintero, and Elizabeth A. Lilliott. 2014. "Hitting the wall: Youth perspectives on boredom, trouble, and drug use dynamics in rural New Mexico." *Youth and Society* 46, no. 1: 3–29.

Williams, D. J., and Mary Liz Hinton. 2006. "Leisure experience, prison culture, or victimization? Sex offenders report on prison gambling." *Victims and Offenders* 1, no. 2: 175–192.

Wilson, Timothy D., David A. Reinhard, Erin C. Westgate, Daniel T. Gilbert, Nicole Ellerbeck, Cheryl Hahn, Casey L. Brown, and Adi Shaked. 2014. "Just think: The challenges of the disengaged mind." *Science* 345, no. 6192: 75–77.

Wink, Paul, and Karen Donahue. 1995. "Implications of college-age narcissism for psychosocial functioning at midlife: Findings from a longitudinal study of women." *Journal of Adult Development* 2, no. 2: 73–85.

Wink, Paul, and Karen Donahue. 1997. "The relation between two types of narcissism and boredom." *Journal of Research in Personality* 31, no. 1: 136–140.

Winokur, Jon, ed. 2005. *Ennui to Go: The Art of Boredom*. Seattle: Sasquatch Books.

Witte, Kim, and William A. Donohue. 2000. "Preventing vehicle crashes with trains at grade crossings: The risk seeker challenge." *Accident Analysis and Prevention* 32, no. 1: 127–139.

Wood, Richard T. A., Mark D. Griffiths, and Jonathan Parke. 2007. "Acquisition, development, and maintenance of online poker playing in a student sample." *Cyberpsychology and Behavior* 10, no. 3: 354–361.

Wyatt, Stanley, and James A. Fraser. 1929. "The effects of monotony in work—a preliminary enquiry." Oxford: H.M. Stationery Office.

Wyatt, Stanley, and James N. Langdon. 1937. *Fatigue and Boredom in Repetitive Work*. London: H.M. Stationery Office.

Yeykelis, Leo, James J. Cummings, and Byron Reeves. 2014. "Multitasking on a single device: Arousal and the frequency, anticipation, and prediction of switching between media content on a computer." *Journal of Communication* 64, no. 1: 167–192.

Young, Kimberly S. 1998. "Internet addiction: The emergence of a new clinical disorder." *Cyberpsychology and Behavior* 1, no. 3: 237–244.

Young, Kimberly S., and Robert C. Rogers. 1998. "The relationship between depression and Internet addiction." *Cyberpsychology and Behavior* 1, no. 1: 25–28.

Yu, Yen, Acer Y. C. Chang, and Ryota Kanai. 2018. "Boredom-driven curious learning by homeo-heterostatic value gradients." *Frontiers in Neurorobotics* 12.

Yunis, Harvey, ed. 2011. *Plato, Phaedrus*. Cambridge Greek and Latin Classics. New York: Cambridge University Press.

Zajonc, Robert B. 1968. "Attitudinal effects of mere exposure." *Journal of Personality and Social Psychology* 9, no. 2: 1–27.

Zakay, Dan. 2014. "Psychological time as information: The case of boredom." *Frontiers in Psychology* 5: article 917.

Ziervogel, C. F., Najma Ahmed, A. J. Flisher, and B. A. Robertson. 1997. "Alcohol misuse in South African male adolescents: A qualitative investigation." *International Quarterly of Community Health Education* 17, no. 1: 25–41.

Zondag, Hessel J. 2013. "Narcissism and boredom revisited: An exploration of correlates of overt and covert narcissism among Dutch university students." *Psychological Reports* 112, no. 2: 563–576.

Zuckerman, Marvin. 1993. "P-impulsive sensation seeking and its behavioral, psychophysiological and biochemical correlates." *Neuropsychobiology* 28, nos. 1–2: 30–36.

Zuckerman, Marvin. 1979. *Sensation Seeking: Beyond the Optimal Level of Arousal.* Hillsdale, NJ: Lawrence Erlbaum Associates.

致 谢

我要感谢我所有的研究生，在过去十年中，是你们在实验室中为这项无聊研究付出心血——Yael Goldberg、Julia Isacescu、Colleen Merrifield、Jhotisha Mugon和Andriy Struk。在这项工作中，你们绝不仅仅是士兵，你们也在许多重要的方面塑造了我的思考。还有一支本科生队伍也为研究做出了贡献，我想特别提及Ava-Ann Allman，正是我们于2005年合作的论文启动了这个实验室。感谢我的同事们，他们同样塑造了这项研究，提出了最棒的想法，阻挡了最惊人的错误的发生——Abby Scholer、Ian McGregor和Dan Smilek。特别感谢Colin Ellard对这本书的写作提出的建议和见解。还要感谢我们的编辑Janice Audet，以及哈佛大学出版社的每一个人，在整个过程中，你们给了我们如此专业的指引。最后，我想要感谢我的家人，许多个在电脑前熬夜的日子里，是你们给我支撑；当我倦怠时，是你们给我宽慰，让我不致跌到谷底。以及一如既往地，无比感激Stacey的支持。

詹姆斯·丹克特

感谢和我一道探索无聊的满怀热情的研究生和博士后研究员——Veerpal Bambrah、Carol Cavaliere、Shelley Fahlman、Alexandra Frischen、Cory Gerritsen、Dana Gorelik、Andrew Hunter、Jennifer Hunter、Chia-Fen Hsu、Sanaz Mehranvar、Kimberley Mercer-Lynn、Andy Ng和Rotem Petranker。特别要感谢的是Shelley为无聊实验室奠定了基础，Alexandra为我们带来了动力。也要特别感谢Jennifer和Andrew，为本书初稿提供了反馈。几位同事，Mark Fenske、Peter Gaskovski、Ian McGregor、Ian Newby-Clark和Dan Smilek，深深影响了我的职业生涯。Dan和Mark在很大程度上塑造了我对无聊的思考，他们所做的不可估量的贡献应得到认可，同时绝不应因为我自己的失误而受到指责。也要特别感谢Maggie Toplak，在过去数年我们为各自的写作项目艰难奋斗时给予我们宝贵的支持。合作和对话是使我始终致力于这项研究事业的核心要素，我非常感谢你们每一个人。我们的编辑Janice Audet以及哈佛大学出版社的每位同仁给了我们刚刚好的自由度和方向指引，让我们没有偏离轨道。我很感谢他们在写作过程中提供的指导。最后，也是最重要的，我要感谢Adrienne在我进行这个项目时包容我、支持我。我有幸拥有你的陪伴，感激之情无以言表。

约翰·D.伊斯特伍德

索 引